10대에게 ★ 권하는
수학

10대에게 권하는 수학

초판 1쇄 인쇄 2021년 4월 14일
초판 5쇄 발행 2024년 9월 13일

지은이 이동환 **펴낸이** 김종길
펴낸 곳 글담출판사 **브랜드** 글담출판

기획편집 이경숙 · 김보라 **영업** 성홍진
디자인 손소정 **마케팅** 김지수 **관리** 이현정

출판등록 1998년 12월 30일 제2013-000314호
주소 (04029) 서울시 마포구 월드컵로8길 41 (서교동 483-9)
전화 (02) 998-7030 **팩스** (02) 998-7924
블로그 blog.naver.com/geuldam4u **이메일** geuldam4u@naver.com

ISBN 979-11-91309-06-5 (43410)

일러두기
글담출판 블로그에 방문하면 〈10대에게 권하는 시리즈〉의 독서지도안을 내려받을 수 있습니다.

글담출판에서는 참신한 발상, 따뜻한 시선을 가진 원고를 기다리고 있습니다.
원고는 글담출판 블로그와 이메일을 이용해 보내주세요. 여러분의 소중한 경험
과 지식을 나누세요.

골치 아픈 수학을 왜 배워야 하는 걸까?

10대에게 ★ 권하는 수학

이동환 지음

수학은 우리의 삶과 미래를 바꾸고 있어요
공부의 이유와 쓸모에 대해 알아보아요

글담출판

차례 Contents

제가 대학 4학년 때 있었던 일입니다. 여자중학교로 교생실습을 나갔어요. 교생 선생님 여럿이 자기소개를 하는데, 제 차례가 되었습니다. 남자교생은 저뿐이어서 그런지 여학생들은 기대에 찬 눈으로 저를 보고 있었죠. 하지만 제 전공이 '수학'이라고 말하는 순간, 분위기가 싹 바뀌었습니다. 학생들이 수학을 좋아하지 않는다는 것을 실감한 순간이었죠.

이후에도 비슷한 경험을 많이 했어요. 처음 만나는 사람에게 전공을 이야기하면 대부분 이런 반응을 보입니다. "대단하네요. 저는 수학 못했는데, 수학이 정말 재미있어요?" 믿을 수 없다는 표정을 지으면서 말이죠. 저는 재미있다고 답해 주고 싶은데, 더는 수학 이야기를 하면 듣고 싶어하지 않는 눈치여서 "그냥 싫지는 않았다."라고 얼버무리고 있습니다.

제가 수학을 좋아하게 된 것은 초등학교 4학년 때입니다. 어느 날 담임 선생님께서 저를 자리에서 일어나게 하셨어요. 이번 수학 시험에서 저만 100점을 맞았다며 박수 치라고 하셨어요. 저는 4학년 이전의 기억이 거의 없는데, 신기하게도 바로 이날부터 어린 시절이 기억납니다. 그전까지는 아주 평범한 학생이었던 거죠.

　그날부터 저는 매일 수학을 공부했습니다. 선생님을 실망시키고 싶지 않았거든요. 그러다 보니 수학의 재미를 조금씩 알게 되었습니다. 특히 수학은 외울 것이 없는 과목이라는 점을 알게 된 순간, 수학의 즐거움과 아름다움을 느끼게 되었어요. 제가 했던 생각이 그대로 교과서의 설명과 연결되는 것도 신기했죠.

　물론 학년이 높아지면서 수학이 점점 어려워졌고, 수학 점수가 낮게 나올 때도 많았어요. 하지만 불안해하지는 않았어요. '수학은 차근차근 생각하면 되는 과목이야. 지금은 이해가 잘 안 되지만, 다른 방식으로 접근해 보면 언젠가는 이해될 거야.'라는 믿음으로 천천히 공부했죠. 그랬더니 지금은 수학을 가르치는 일까지 하게 되었어요. 이 책을 읽고 있는 여러분도 충분히 박수를 받을 만합니다. 제가 지금 손뼉 쳐 주고 있다는 것, 잊지 마세요. 오늘부터 차근차근 수학과 친해져 보세요.

　여러분이 재미있게 본 영화나 드라마, 또는 만화가 있죠? 친한 친구에게 그것을 소개해 주고 싶을 거예요. 같이 그 기쁨을 누리고 싶으니까요. 그런데 그 친구가 싫다고 하면 기분이 어떨 것 같아요? 실망스럽고 안타까울 것입니다. 저도 그래요. 제가 느끼고 알게 된 수학의 즐거움과 아름다움을 우리 청소년들도 공유했으면 하는 마음에, 이곳저곳에서 학생들을 만나 수학을 권하고 있습니다. 수학을 좋아하지 않는 학생들도 있어 안타깝긴 하지만, 그래도 수학의 진면목을 알고 그 기쁨을 함께 누리는 학생들이 점점 늘어나고 있어 다행입니다.

이 책은 남들보다 수학을 잘하는 방법을 알려주지는 않아요. 여러분이 '수학'이라는 말을 듣고 떠올리는 문제집과 시험은 수학의 일부분일 뿐입니다. 수학의 진짜 모습은 여러분이 생각하는 것과 달라요. 우리가 학교를 졸업해도 음악을 듣고 그림을 그리고 운동을 하듯이, 수학도 학교에서만 배우는 과목이 아니라 평생 가까이할 수 있는 학문이라는 점을 알려주고 싶었어요. 수학의 진짜 모습을 발견한다면 수학을 왜 공부해야 하는지, 수학을 가까이하면 어떤 점이 좋은지 이해하게 될 거예요.

여러분은 이 책을 읽으면서 수학을 공부하는 이유를 알 수 있어요. 실제로 수학이 사회 곳곳에서 어떻게 쓰이는지도 확인할 수 있을 거예요. 학교에서 배우는 수학 개념이 지금의 세상을 만드는 데 어떤 역할을 했는지 알

수도 있고요. 오늘날 수학자들은 무슨 일을 하는지, 앞으로 수학이 왜 더욱 중요해지는지 실제 사례와 함께 알아볼 수 있어요. 제가 수많은 학생들을 만나보며 확인한 효과적인 수학 공부법도 담았으니, 꼭 실천해 보세요.

이제 막 10대에 접어든 초등학생 딸을 둔 아빠의 마음으로, 우리나라의 모든 청소년들이 수학에 대해 막연한 편견과 두려움을 갖지 않기를 바라며 이 책을 썼어요. "수학이 재미있어요? 왜 배워야 하죠?"라고 되묻지 않고 "수학이 좋아요."라며 공감하는 청소년들이 많아지기를 기대합니다.

2021년 4월

청소년이 수학과 친해지길 바라며

이 동 환

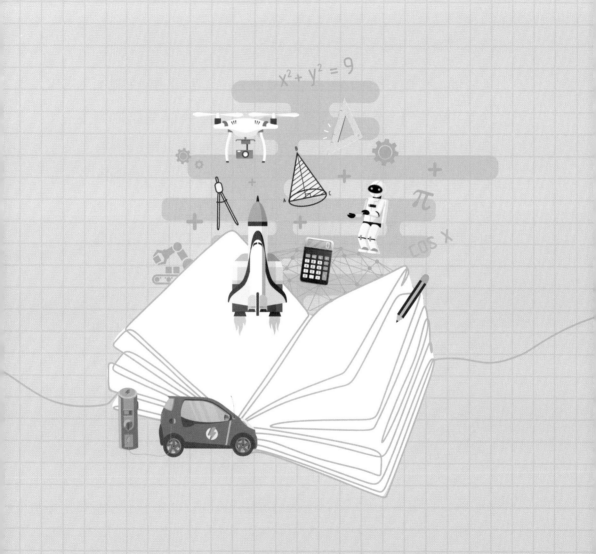

수학이란 무엇인가요?

'수학'이란 무엇일까요? 혹시 문제집을 푸는 것이 떠오르나요? 수학은 계산이나 문제 풀이를 뜻하는 게 아니에요. 수학의 진짜 모습은 따로 있습니다. 수학은 세상의 질서와 규칙을 알려주는 학문으로, 생각을 연결하고 상식을 넓히는 데 도움을 주지요.

수학은 우리가 알고 있는 당연한 상식에서 출발했어요. 골치 아픈 수학이 상식이라니, 이해할 수 없다고요? 먼저 우리 주변에서 발견할 수 있는 수학적 상식부터 찾도록 하죠.

피타고라스처럼 위대한 수학자들도 주변의 사소한 것에서 수학을 발견했습니다. 작은 것으로부터 출발해 커다란 생각을 만드는 즐거움, 지금부터 차근차근 소개할게요.

수학은 상식의
확장이에요

잔디밭으로 가는 길이 짧은 이유는 무엇일까요?

• 잔디밭 사이에 나 있는 지름길 •

제가 학교 연구실에서 식당으로 가는 길에 찍은 사진입니다. 사람들이 잔디밭 사이로 자주 다녀서 길이 하나 생겼네요. 왜 사람들은 보도블록 대신에 잔디밭으로 다닐까요? 잔디밭으로 가는 길이 짧다고 생각했기 때문이죠. 그렇다면 왜 그 길이 더 짧은가요? 당연히 짧다고요? 네, 맞습니다. 어린아이도 아는 내용이라 더 이상 설명할 필요가 없는 상식이죠.

수학자들은 상식으로 알 수 있는 현상에 이름을 붙여주는 걸 좋아해요. 그래서 '보도블록을 따라 걷는 길이 잔디밭 사이로 가는 길보다 길다.'라고 말하는 대신 '삼각형에서 두 변의 길

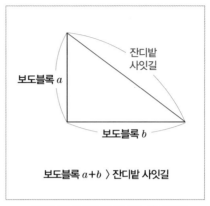

보도블록 a

잔디밭 사잇길

보도블록 b

보도블록 $a+b$ 〉 잔디밭 사잇길

• 삼각형에서 두 변의 길이의 합은 다른 한 변의 길이보다 길어요. •

이의 합은 다른 한 변의 길이보다 길다.'라고 말하죠. 간단히 줄여서 '삼각형의 세 변의 길이 사이의 관계'라고 합니다. 중학교 수학 교과서에 나오는 내용이지요. 이렇게 말하니까 복잡하고 어려워 보이지만, 누구나 알고 있는 사실을 이야기한 것뿐입니다.

수학자들이 누구나 알고 있는 상식에 굳이 이름을 붙이는 이유는 뭘까요? 어렵게 말해서 우리를 괴롭히려고 하는 걸까요? 상식을 명확하게 표현하면 그 상식의 의미와 중요성을 새롭게 알 수 있고, 세상을 더욱 잘 이해할 수 있기 때문입니다.

실제로 삼각형의 세 변의 길이 사이의 관계는 '길이'에서 중요한 개념이에요. '직각삼각형에서 직각을 낀 두 변의 길이의 제곱의 합은 빗변의 길이의 제곱과 같다.'라는 피타고라스의 정리를 비롯해, 도형의 길이에 관한 많은 성질들이 이러한 상식에서 나옵니다.

이제 이런 질문이 나올 것 같네요. '수학이 상식에서 시작한다면서, 왜 수학 교과서의 내용은 상식적으로 이해가 안 되는 경우가 많죠?'

교과서의 내용이 잘 이해되지 않는 이유는 그것이 상식에서 벗어났기 때문이 아니라, 아직 여러분이 알고 있는 상식과 연결되지 않았기 때문입니다. 수학은 상식에서 출발하지만, 상식에 머물러 있지 않고 그 상식을 확장시키거든요.

많은 학생들이 수학을 상식 밖의 내용이라고 생각하고, 무작정 외우거나 포기하는 경우가 많아요. 안타까운 일이지요. 수학자들은 새로운 대상을 연구할 때, 그들이 알고 있는 내용과 어떻게 이어지는지 연결고리를 찾아갑니다. 생각을 연결하는 것이 수학의 핵심이고 즐거움이기 때문이죠. 생각의 연결이라고 하면 떠오르는 동요가 있습니다.

원숭이 엉덩이는 빨개, 빨가면 사과, 사과는 맛있어, 맛있으면 바나나,

바나나는 길어, 길면 기차, 기차는 빨라, 빠르면 비행기, 비행기는 높아,

높으면 백두산!

어린 시절 누구나 한 번씩은 이 노래를 불러봤을 겁니다. 원숭이로 시작해서 백두산까지 이어지는 과정이 한번 들으면 바로 따라 부를 수 있을 만큼 자연스럽게 느껴져요. 왜 그럴까요? 각각의 단어가 연결되는 과정을

수학은 생각을 연결하는 데 도움을 줍니다.
생각을 연결하면 좋은 아이디어가 떠오를 수 있어요.

보세요. 원숭이와 사과는 빨개서, 사과와 바나나는 맛있어서, 바나나와 기차는 길어서, 즉 어떤 공통점을 통해 각각 연결되고 있어요. 연결고리가 분명하기 때문에 우리는 원숭이로 시작해서 백두산까지 이어지는 노래를 단숨에 부를 수 있습니다.

생각이란 연결을 이어가는 것입니다. 생각하는 힘이 크면 연결이 튼튼해지고 길게 이어질 수 있어요. 수학은 생각하는 힘을 기르고, 연결하는 능력을 키우도록 도와줍니다.

분수의 나눗셈으로 상식 넓히기

이제 수학의 예를 들어볼게요. 분수의 나눗셈은 상식적으로 이해가 안 되는 대표적인 사례입니다. 우리가 $\frac{2}{3} \div \frac{3}{5}$과 같은 분수의 나눗셈을 계산할 때, $\frac{2}{3} \times \frac{5}{3}$와 같이 나누는 분수의 역수를 곱하는 이유는 무엇일까요?

대부분 이렇게 답할 것 같네요. "교과서에 그렇게 나와 있으니까요." 또는 "선생님이 그렇게 하라고 하셨으니까요." 보도블록으로 가는 것보다 잔디밭으로 가는 길이 짧다는 것은 쉬운 상식인데, 분수의 나눗셈은 상식과는 관계없이 그냥 외워야 하는 규칙처럼 보입니다.

이제 우리가 알고 있는 상식이 분수의 나눗셈으로 어떻게 확장되는지 알아볼게요. 자연수의 나눗셈에 관한 두 가지 상식으로부터 시작할 겁니다. 우선 첫 번째 상식입니다.

6÷2, 30÷10, 60÷20, 600÷200의 공통점은 무엇인가요?

계산 결과가 모두 3입니다. 다른 공통점도 보이나요? 30÷10, 60÷20, 600÷200이 6÷2와 어떤 관계가 있는지 잘 살펴보세요. 6÷2에서 나누어지는 수 6과 나누는 수 2에 같은 수를 곱해서 만든 식들입니다.

$$30 \div 10 = (6 \times 5) \div (2 \times 5)$$

$$60 \div 20 = (6 \times 10) \div (2 \times 10)$$

$$600 \div 200 = (6 \times 100) \div (2 \times 100)$$

6÷2에서 나누어지는 수 6과 나누는 수 2에 각각 같은 수를 곱하면, 곱하는 수가 얼마든 상관없이 계산 결과는 항상 3으로 똑같습니다. 이처럼 같은 수를 곱해서 답이 같은 나눗셈식을 얼마든지 만들 수 있습니다. 덧셈, 뺄셈, 곱셈에서는 이러한 성질이 성립하지 않습니다. 나눗셈의 고유한 특징인데요, 상식처럼 느껴지나요?

아직 확신이 없다면 이렇게 설명해 볼게요. 6달러는 2달러의 몇 배인가요? 6÷2, 3배입니다. 이제 달러를 우리나라 돈으로 환전한다고 생각해 봅시다. 1달러가 1,000원이라고 가정했을 때 6,000원은 2,000원의 몇 배인가요? 6,000÷2,000으로 역시 3배입니다. 사실 계산할 필요도 없습니다. 6달러가 2달러의 3배라면, 그 돈을 세계 어느 나라의 돈으로 환전하더라도 항상 3배로 동일할 테니까요. 그래도 한번 계산해서 확인해 볼까

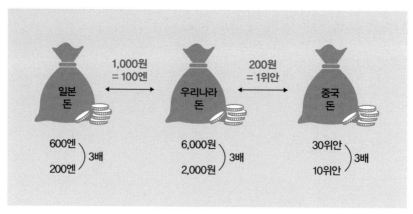

• 어느 나라 돈으로 바꾸더라도 금액의 비율은 똑같아요. •

요?

앞에서 말한 6,000원과 2,000원을 각각 일본 돈과 중국 돈으로 환전한다고 해봅시다. 우리나라 돈을 일본 돈으로 환전할 때 1,000원이 100엔이라고 가정할게요. 6,000원과 2,000원은 각각 600엔, 200엔입니다. 우리나라 돈을 중국 돈으로 환전할 때, 200원이 1위안이라고 가정한다면 어떨까요? 6,000원과 2,000원은 각각 30위안, 10위안입니다. 어느 나라 돈으로 바꾸든지 언제나 3배 차이가 납니다.

환전한다는 것은 같은 수를 곱한다는 것과 같은 의미입니다. 이렇게 생각하면 '나눗셈을 할 때 나누어지는 수와 나누는 수에 같은 수를 곱해도 계산한 값은 똑같다.'는 것이 상식처럼 이해될 겁니다. 이것이 우리가 나눗셈에 관해 알고 있는 첫 번째 상식이에요.

이제 나눗셈에 관한 두 번째 상식을 살펴볼 차례입니다. 가장 쉬운 나눗셈 문제를 생각해 보세요. 뭐가 떠올랐나요? 저는 이렇게 생각합니다.

$20 \div 1$

$35 \div 1$

$25648 \div 1$

이러한 나눗셈은 계산할 필요 없이 바로 답이 보입니다. 나누는 수가 1인 나눗셈은 나누어지는 수가 답이 되니까요. 당연한 사실이죠.

지금까지 자연수 나눗셈에 관한 두 가지 성질을 알아보았습니다. 이러한 성질이 어떻게 분수의 나눗셈과 연결되는지 살펴볼게요.

우선 $\frac{2}{3} \div \frac{3}{5}$ 을 계산하기 쉬운 나눗셈으로 바꾸어 보겠습니다. 저 모양대로는 계산이 어려우니까 좀 더 쉬운 형태로 바꾸어서 답을 구해 보려는 거지요. 다시 말해 이 나눗셈을 '□÷1' 형태로 만들고 싶습니다. 물론 식을 바꾸더라도 답은 그대로 유지되도록 해야겠죠.

식을 어떻게 바꾸어야 답이 달라지지 않고 똑같을까요? 앞서 살펴본 것처럼, 나누어지는 수와 나누는 수에 같은 수를 곱하면 되지요.

그렇다면 어떤 수를 곱하면 될까요? 나누는 수가 $\frac{3}{5}$ 이니까 '□÷1' 형태로 바꾸려면 $\frac{3}{5}$ 을 1로 만들 수 있는 수를 곱해야 합니다. 그 수가 바로 $\frac{3}{5}$ 의 역수인 $\frac{5}{3}$ 입니다. $\frac{3}{5} \times \frac{5}{3} =1$ 이니까요. 나누어지는 수와 나누는 수 모두에 $\frac{5}{3}$ 를 곱하는 것이지요.

그 결과 $\frac{2}{3} \div \frac{3}{5}$을 $(\frac{2}{3} \times \frac{5}{3}) \div (\frac{3}{5} \times \frac{5}{3})$라는 나눗셈 식으로 바꿀 수 있습니다. 나누는 수가 1인 나눗셈으로 바뀐 것입니다. 이제 답은 계산할 필요 없이 바로 보입니다. $\frac{2}{3} \times \frac{5}{3}$이지요.

$\frac{2}{3} \div \frac{3}{5}$ **계산하기 쉬운 나눗셈(□÷1)으로 바꾸기**
[상식 2]

$(\frac{2}{3} \times \frac{5}{3}) \div (\frac{3}{5} \times \frac{5}{3})$ **나눗셈의 답을 유지하면서 식을 바꾸기**
(같은 수 곱하기) [상식 1]

$(\frac{2}{3} \times \frac{5}{3}) \div (1)$ **계산하기 쉬운 나눗셈이 됨**

자연수의 나눗셈에 대해 알고 있는 두 가지 상식을 분수의 나눗셈으로 확장해 보니, $\frac{2}{3} \div \frac{3}{5}$은 $\frac{2}{3} \times \frac{5}{3}$와 같다는 사실을 알게 되었어요. 이처럼 분수의 나눗셈은 상식이 아니었지만, 우리가 알고 있는 나눗셈의 상식적인 성질로부터 이끌어 낼 수 있었습니다. 우리의 상식이 확장된 것이지요.

상식의 의미를 이해하면 즐거워요

보도블록을 따라 직각으로 난 길을 가는 것보다 잔디밭을 가로질러 사잇길로 가는 것이 더 짧기 때문에 사람들은 그렇게 가는 것입니다. 교과서에 그 내용이 규칙으로 나와 있기 때문이 아니지요. 마찬가지로 분수의 나눗셈도 규칙대로 외우는 것보다는 바꾸어 계산하는 것이 우리의 상식에 맞습니다.

우리가 알고 있는 자연수 나눗셈에 관한 상식적인 성질을 자세히 살펴보면, 분수의 나눗셈에 대한 성질을 이끌어 낼 수 있습니다. 이러한 방식으로 분수의 나눗셈 역시 새로운 상식이 될 수 있습니다. 수학은 이처럼 우리의 상식을 점차 확장해 왔습니다.

지금까지 수학을 상식과 관련지어 설명한 이유가 무엇일까요? 수학이 상식처럼 쉽다는 것이 아니에요. 수학은 누군가 미리 정해 놓은 규칙과 공식을 억지로 외워야 하는 지루한 과목이 아니라, 상식처럼 자연스럽게 이해할 수 있는 학문이에요. 따라서 누구나 즐겁게 수학을 공부할 수 있다는 것을 알려주고 싶었어요. 수학을 공부하는 것은 우리가 알고 있는 상식의 의미를 새롭게 인식하고, 상식의 확장이 주는 놀라움과 힘을 깨닫는 과정이에요.

사과 한 개가 있을 때, 하나를 더하면 두 개가 됩니다.
'1+1=2'라는 수학적 규칙은
누구나 자연스럽게 이해할 수 있는 상식입니다.

수학자는 계산을
빨리 하나요?

계산보다 원리가 중요해요

여러분은 혹시 '나는 계산이 느리니까 수학에 재능이 없다.'라고 생각하고 있나요? 그렇다면 수학의 본 모습을 아직 모르고 있는 것입니다. 우리가 말을 빨리 하거나 글씨를 빨리 쓰는 사람을 보고 국어를 잘한다거나 문학적 재능이 뛰어나다고 하지 않는 것처럼, 계산을 빨리 한다고 수학을 잘한다고 판단하는 것은 적절치 않습니다. 빠르고 정확한 계산은 컴퓨터나 계산기가 할 일입니다. 계산은 수학의 일부 영역일 뿐이지요. 수학은 계산 절차를 외우고 그대로 따라 하는 것이 아니라, 계산 절차의 원리를 이해하는 과정입니다.

계산 절차를 외우는 것과 이해하는 것의 차이를 보여주는 실험이 있습니다. 수학 교육학자인 에디 그레이(Eddie Gray)와 데이비드 톨(David Tall)

은 수학 성적이 서로 다른 초등학생들에게 29+6과 21−16을 풀어보게 했습니다. 어려운 문제가 아니라서 수학 성적에 따른 정답률의 차이는 거의 없었지만, 풀이 전략은 많이 달랐습니다. 수학 성적이 높은 학생들은 29+6이 30+5와 같다는 점을 이용하여 계산했습니다. 반면에 수학 성적이 낮은 학생들은 세로셈으로 바꾸어 받아올림으로 계산했습니다.

$$\begin{array}{r} \overset{1}{2}\overset{15}{9} \\ +\ 6 \\ \hline 35 \end{array}$$

9 더하기 6은 15니까 1이 올라가고, 2에 1을 더해서 3,
일의 자리는 5니까, 35.

21−16의 경우도 비슷했습니다. 수학 성적이 높은 학생들은 21−16을 20−15로 바꾸어서 해결한 반면, 수학 성적이 낮은 학생들은 받아내림으로 풀었습니다. 왜 이런 차이가 생겼을까요?

수학 성적이 낮은 학생들은 계산 연습이 부족하거나 머리가 나빠서 문제 풀이에 더 오래 걸린 것이 아닙니다. 같은 문제를 다르게 풀었기 때문이지요.

29+6과 30+5, 그리고 21−16과 20−15 중 어느 것이 더 쉬운가요? 30+5, 20−15를 풀 때는 실수로 틀릴 가능성이 거의 없을 겁니다. 풀이 절차가 복잡할수록 실수할 가능성이 크고 시간도 많이 걸리지요. 수학 성적이 높은 학생들도 풀이 절차가 복잡해지면 실수할 확률이 높아집니다. 그래서 복잡한 절차를 쓰지 않으려고 문제를 변형했던 것입니다.

우리는 종종 '아는데 실수로 틀렸다.'라고 합니다. 29+6을 30+5로 바꾸거나 21−16을 20−15로 바꿀 생각을 못하고, 실수할 가능성이 높은 문제를 그대로 풀어서 틀렸다면 '알지 못해서' 실수로 틀린 것입니다.

수학 성적이 높은 학생들은 받아올림, 받아내림과 같은 계산 절차를 그대로 따르지 않았습니다. 이들은 29+6을 쉽게 계산할 방법을 생각했습니다. 29+1=30이라는 사실을 이용해 문제를 바꿨습니다. 29+6을 29+(1+5), (29+1)+5로 변형했고, 30+5=35로 쉽게 계산했습니다.

21−16이 20−15와 같다는 것은 어떻게 알 수 있을까요? 올해 21살인 형과 16살인 동생의 나이 차이는 작년의 20살 형과 15살 동생의 나이 차이와 같습니다. 그러니까 21−16과 20−15는 같아요. 수학 성적이 높은 학생과 낮은 학생이 문제를 푸는 속도가 달랐던 이유는 서로 다른 방법으로 문제를 풀었기 때문입니다.

수학자들이 문제를 푸는 활동은 복잡한 문제를 간단한 문제로 바꾸어가는 과정입니다. 하나의 문제를 계속해서 바꾸어가다 보면 가장 간단한 문제, 즉 30+5와 같이 답을 바로 알 수 있는 문제로 바

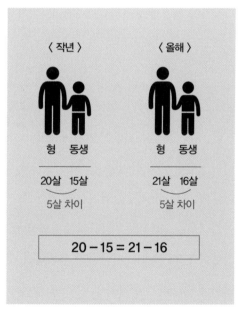

• 주어진 계산 절차를 그대로 따르지 않아도 돼요.
쉬운 방법으로 바꿔서 풀어보세요. •

꿰게 됩니다. 이렇게 보면 문제에서 시작해 답에 이르는 과정이 중요한 것이지, 마지막 단계인 답이 전부가 아니라는 것을 이해할 수 있습니다.

수학은 주어진 문제를 계속해서 새로운 문제로 바꾸어가는 과정이고, 이것이 바로 우리가 생각하는 과정입니다. 우리의 생각은 꼬리에 꼬리를 물고 이어지는 특징이 있습니다. 수학은 생각의 각 단계가 탄탄하게 연결될 수 있는 방법을 제시하고, 그 이유를 설명하는 과정입니다.

수학자들은 어떻게 처음 수학에 흥미를 느꼈나요?

윌리엄 서스턴(William Thurston)은 기하학의 혁신적인 발전을 이끌고, 수학 분야의 노벨상이라 불리는 필즈상(Fields Medal)을 받은 수학자입니다. 그는 자신이 수학에 흥미를 느끼게 된 계기를 자세히 설명한 적이 있는데요, 여기서 잠깐 필즈상을 소개할게요.

전 세계 수학자들이 모여서 4년마다 개최하는 세계수학자대회가 있습니다. 이때 가장 뛰어난 업적을 세운 40세 미만의 수학자에게 주는 상이 바로 필즈상입니다. 수학자들이 가장 큰 명예로 여기는 상이지요. 세계수학자대회는 2014년 우리나라에서도 열렸고, 당시에는 4명이 필즈상을 수상했어요. 아쉽게도 지금까지 우리나라 수학자가 받은 적은 없지만, 머지 않아 우리나라 수학자들도 이 상을 받을 날이 올 것이라 믿습니다.

서스턴이 초등학교 5학년 때 있었던 일입니다. 어느 날 $134 \div 29$를 계산하던 서스턴은 이 나눗셈을 계산하지 않고 분수 $\frac{134}{29}$로 써도 된다는 사실을 알게 되었습니다. 분수 자체가 나눗셈의 결과를 표현한다는 것을 알게 된 거죠. 서스턴은 이날의 경험을 잊지 못한다고 해요. 예를 들어 $134 \div 29 \times 29$를 계산해 볼게요.

• 세계수학자대회에서 수여하는 필즈 메달 •

앞에서부터 계산해보면 $134 \div 29$는 4.6206896552입니다. 그렇다면 4.6206896552×29는 얼마일까요?

복잡한 계산을 할 필요가 없습니다. 4.6206896552 대신에 $\frac{134}{29}$를 쓰면 $134 \div 29 \times 29 = \frac{134}{29} \times 29$가 되고, 그 결과가 134라는 것을 바로 알 수 있습니다.

계산이란 절차에 맞추어 답을 찾는 지루한 과정이 아니라, 주어진 식을 변형하는 과정입니다. $134 \div 29$의 결과로 우리가 무엇을 할 것인지 생각하고, 그 목적에 맞게 값을 적절히 변형하여 표현하는 것이 중요합니다.

$\frac{134}{29}$가 나눗셈 절차를 나타내는 동시에 그 결과를 나타낼 수 있다는 점은, 수학적 개념이 과정과 결과를 동시에 나타낼 수 있음을 알려줍니다. 이는 수학의 중요한 특징 중 하나입니다. 예를 들어 $y=2x$라는 함수는 x값을 2배 하면 y값을 구할 수 있는 절차를 나타내는 동시에, 기울기가 2인 직선을 나타냅니다. 수학적 개념은 이처럼 복합적인 의미를 동시에 나타냅니다. 따라서 수학적 개념을 활용하면, 여러 가지 복합적인 현상을 표

· 윌리엄 서스턴 ·

현하거나 이들 사이의 관계를 파악할 수 있습니다.

어린 서스턴은 이러한 수학의 힘을 이해한 것입니다. 134÷29를 계산해서 4.6206896552를 구할 필요 없이 분수로 표현해도 충분하고, 오히려 그것이 더 효율적이라는 것을 깨달은 거죠. 계산은 수학의 일부분일 뿐이라는 사실을 알게 된 것입니다. 서스턴은 그때부터 수학에 흥미를 느꼈고, 수학자의 길을 걷게 되었다고 합니다. 훗날 서스턴은 다양한 수학 분야를 결합해 기하학을 연구하는 새로운 방법을 발견했고, 그 공로로 필즈상을 받았습니다.

수학은 숨겨진 질서와
규칙을 보여줘요

주기매미는 왜 13년마다 땅 위로 올라올까요?

수학은 어디에 있을까요? 혹시 교과서나 문제집이 떠오르나요? 그렇지 않아요. 수학은 우리 주변 곳곳에 스며들어 있습니다. 수학은 원래 생활 속 궁금증을 해결하면서 등장했기 때문이죠. 하지만 여러분이 질문을 던지기 전에는 수학이 잘 보이지 않아요. 여러분 주변에 일어나는 현상에 호기심을 갖고 질문을 던져보세요. 숨어 있던 수학이 나타날 겁니다.

뉴스를 살펴볼까요? 2003년 6월, '매미의 침공'이란 제목의 기사가 뉴욕타임스를 비롯한 미국의 여러 신문, 방송에 보도됐습니다. 엄청난 수의 매미가 울어대는 바람에 사람들이 소음에 시달리고 있다는 내용이었습니다. 17년 후, 2020년 4월에는 '올 여름 매미가 돌아온다.'라는 기사가 나왔습니다. 2003년 이후로 잠잠했던 매미가 다시 크게 늘어날 예정이므로 주의를 기울이라는 내용입니다. 주기적으로 땅 위로 올라오는 주기매미 이야기입니다.

• 주기매미 •

매미는 거의 일평생을 땅 밑에서 식물 뿌리의 진액이나 흙 속의 영양분을 먹으면서 살다가, 잠깐 지상으로 나와 짝짓기를 하고 몇 주 이내에 죽는다고 합니다. 잠깐 지상으로 올라오는 기간이 일정한 주기를 이룬다고 해서 주기매미라는 이름이 붙었습니다. 주기매미에는 여러 종류가 있는데요, 대부분 13년 또는 17년을 주기로 땅 위로 올라온다고 합니다. 주기매미는 왜 하필 13년 또는 17년마다 땅 위로 올라오는 걸까요?

그 이유를 연구하던 연구자들은 13, 17이 모두 소수라는 데 주목했습니다. 소수란 3, 5, 7처럼 약수가 1과 자기 자신뿐인 자연수입니다. 약수는 '어떤 수를 나누어 떨어지게 하는 수'를 뜻합니다.

연구자들은 매미가 자신을 잡아먹는 천적을 피하기 위해 생명 주기를 소수로 선택했다고 설명합니다. 매미에게는 여러 천적이 있는데요, 각 천적의 생명 주기가 다음과 같다고 가정합시다. 생명 주기가 2년인 천적은 2년마다 새로 태어나서 개체 수가 급격히 증가합니다.

2년 주기의 천적: 2, 4, 6, 8, 10, 12, 14 ⋯ 50, 52, 54 ⋯

3년 주기의 천적: 3, 6, 9, 12, 15, 18 … 48, 51, 54 …

4년 주기의 천적: 4, 8, 12, 16, 20, 24, 28 … 48, 52, 56 …

5년 주기의 천적: 5, 10, 15, 20, 25, 30 … 50, 55, 60 …

6년 주기의 천적: 6, 12, 18, 24, 30, 36, 42 … 48, 54, 60 …

천적이 나타나는 기간과 매미가 땅 위로 올라오는 주기가 겹친다면 천적에게 잡아먹힐 가능성이 크겠죠. 예를 들어 매미가 땅 위로 올라오는 주기가 12년이라면 활동 주기가 5년인 천적과는 같은 해에 태어나지 않아서 피할 수 있지만, 활동 주기가 2, 3, 4, 6년인 천적들과는 같은 해에 태어나서 천적의 먹이가 될 것입니다.

13년, 17년과 같이 소수 주기를 선택한 매미는 그 천적들과 같은 해에 태어날 가능성이 훨씬 줄어듭니다. 예를 들어 17년 주기매미는 3년 주기 천적과 51년마다 만나게 되는데요, 그 해에 다른 주기 천적과는 만나지 않습니다. 이와 같이 활동 주기가 소수인 경우, 천적과의 만남을 최소화할 수 있습니다. 그 결과 다른 주기를 가진 매미들은 점점 멸종되고 13년, 17년과 같이 활동 주기가 소수인 매미들만 살아남은 것입니다.

이처럼 소수 개념으로 매미의 활동 주기를 이해할 수 있습니다. 수학은 이렇게 자연 현상에 숨어 있는 질서와 규칙을 설명합니다.

이번에는 수학의 눈으로 A4 종이를 살펴볼게요. 우리가 사용하는 복사기와 프린터에는 주로 A4 종이가 쓰입니다. A4 종이의 크기는 가로 210mm, 세로 297mm입니다. 하필이면 왜 이런 크기일까요? 종이 크기를 가로 200mm, 세로 300mm로 하면 기억하기 쉽고, 만들기도 편할 것 같은데 말이죠.

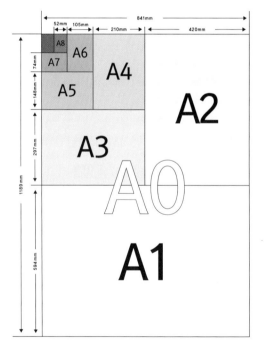

이름	크기(mm)
A0	841×1189
A1	594×841
A2	420×594
A3	297×420
A4	210×297
A5	148×210
A6	105×148
A7	74×105
A8	52×74

• A계열 종이의 크기 •

사실 A4 종이는 A0, A1, A2 … A8 종이로 구분되는 A계열 종이의 하나입니다. A계열 종이에는 두 가지 특징이 있습니다.

첫 번째 특징은 A0 종이를 반으로 자르면 A1 종이가 되고, A1을 다시 반으로 자르면 A2가 된다는 것입니다. 이 A2를 또다시 반으로 자르면 A3, 또 반으로 자르면 우리가 흔히 쓰는 A4가 됩니다. 이런 식으로 각 종이의 크기는 절반씩 작아집니다.

이러한 특징 덕분에 A0 종이가 남았을 경우 반으로 잘라서 A1 종이로 만들 수 있으며, 필요에 따라 더 잘라 A4 종이로 만들 수도 있습니다. 종이를 생산하면서 유연하게 규격을 변경할 수 있고, 버려지는 부분도 절약할 수 있습니다.

두 번째 특징은 A0, A1, A2 … A8 종이의 크기는 모두 다르지만, 각 종이의 가로 세로의 비율은 서로 같다는 것입니다. 예를 들어 A4 종이와 A5 종이는 서로 닮은 직사각형입니다.

이처럼 A계열 종이가 서로 닮은 모양을 이루면, A4 종이에 인쇄한 내용을 축소해 A5 종이에 원래의 비율대로 인쇄할 수 있습니다. A4 종이 한 장에 두 페이지를 A5 크기로 작게 축소하여 출력하는 '모아찍기'가 가능한 이유입니다. 만약 두 종이의 가로 세로 비율이 다르다면, A4에 맞게 편집한 내용을 축소해서 A5에 인쇄할 수 없을 것입니다.

A계열 종이의 두 가지 특징을 만족시키는 가로와 세로의 비율은 단 하나뿐입니다. 다음 페이지의 [그림]에서 A4 종이의 가로 세로 비율을 $1:x$라 할 때, A4의 절반인 A5의 가로 세로 비율은 $\frac{x}{2}:1$이 됩니다. 두 종이의 가

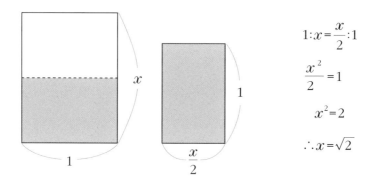

$$1:x = \frac{x}{2}:1$$

$$\frac{x^2}{2} = 1$$

$$x^2 = 2$$

$$\therefore x = \sqrt{2}$$

· [그림] 반으로 잘라도 비율이 일정한 종이 규격 ·

로 세로 비율이 같도록 비례식을 세워서 풀면 그 비율이 $1:\sqrt{2}$ 임을 알 수 있습니다. 여기서 $\sqrt{2}$는 제곱해서 2가 되는 수를 뜻합니다. 다른 비율의 종이로는 이러한 특징을 만족할 수 없습니다.

이처럼 A계열 종이끼리는 가로 세로 비율이 똑같으며, 반으로 접어서 다른 종이 규격을 만들 수 있습니다. 이러한 특징을 가질 수 있는 유일한 비율은 $1:\sqrt{2}$입니다. 이 비율을 만족하기 위해 A4 종이의 크기는 가로 210mm, 세로 297mm가 되었습니다.

우리가 그 이유를 알든 모르든 주기매미는 13년 또는 17년마다 땅 위로 올라오고 있습니다. 또한 우리는 별다른 궁금증 없이 A4 종이를 사용하고 있습니다. 우리가 어떤 현상을 눈으로 보거나 무언가를 사용한다고 해서 그것을 정확하게 아는 것은 아닙니다. 어떤 현상을 당연하게 바라보지 않고, 의문을 품고 그 궁금증을 풀어가는 과정이 수학입니다.

우리는 수학을 통해 현상 뒤에 숨겨진 질서와 규칙을 볼 수 있습니다. 놀랍게도 세상은 수학의 언어로 쓰여 있고, 우리 인간은 운 좋게도 그 언어를 이해할 수 있었던 것입니다.

바닥 타일의 무늬에서 나온
세기의 업적

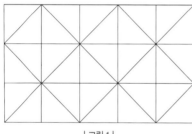

| 그림 1 |

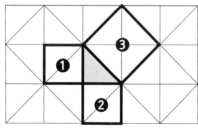

| 그림 2 |

　기원전 500년 경 피타고라스는 바닥 타일의 무늬([그림 1])를 보다가 무언가를 발견했습니다.

　평소와 다를 바 없는 바닥 타일이었는데, 그날 피타고라스의 눈에 보인 것은 [그림 2]의 직각삼각형과 정사각형이었어요. 가운데 직각삼각형의 세 변 위에 있는 정사각형 3개가 보인 것입니다. 피타고라스는 정사각형 각각의 넓이를 계산했습니다. 바닥 타일 한 변의 길이가 1m라면, 정사각형 ①, ②의 넓이는 각각 $1 \times 1 = 1m^2$입니다.

　이제 정사각형 ③의 넓이를 구할 차례입니다. 정사각형 ③은 넓이가 $\frac{1}{2}m^2$인 작은 직각삼각형 4개로 이루어져 있으므로, 정사각형 ③의 넓이는 2m²입니다. 피타고라스는 정사각형 ①, ②, ③의 넓이에서 ①+②=③이라는 관계를 발견했습니다. 즉, 직각삼각형에서 직각을 낀 두 변의 길이의 제곱의 합(①+②)은 빗변의 길이의 제곱(③)과 같습니다.

피타고라스는 이러한 관계가 모든 직각삼각형에서 성립한다고 생각했습니다. 직각삼각형의 세 변의 길이가 a, b, c라면 $a^2+b^2=c^2$가 성립한다는 걸 증명한 것입니다.

a^2은 한 변의 길이가 a인 정사각형의 넓이죠. 따라서 $a^2+b^2=c^2$은 직각을 낀 두 변 위에 있는 정사각형의 넓이의 합(a^2+b^2)이 빗변 위에 있는 정사각형의 넓이(c^2)와 같음을 나타냅니다.

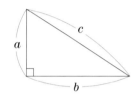

이제 피타고라스 정리를 활용해 볼까요? 직각을 낀 두 변의 길이가 3, 4인 직각삼각형은 빗변의 길이가 얼마일까요?

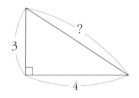

직각을 낀 두 변의 길이의 제곱의 합(3^2+4^2)은 25예요. 피타고라스 정리에 따르면 빗변의 길이의 제곱이 25가 되어야 합니다. 따라서 빗변의 길이는 5입니다.

세상에서 가장 아름답고 완벽한 증명법

피타고라스의 정리를 증명하는 방법은 300가지가 넘습니다. 특히 피타고라스보다 500년이나 앞선 기원전 10세기 경 고대 중국의 수학책에 소개된 증명은 '세상에서 가장 아름답고 완벽한 증명법'이라는 평가를 받고 있습니다. 어떤 증명인지 궁금하시죠? 수식이나 말도 없이 그림만으로 이루어진 증명입니다.

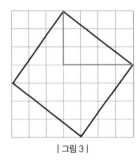

| 그림 3 |

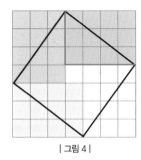

| 그림 4 |

[그림 3]에서 피타고라스의 정리가 보이나요? 우선 직각삼각형의 두 변의 길이가 3, 4인 것은 그림에서 바로 알 수 있습니다. 하지만 이 직각삼각형의 빗변의 길이는 그림만 보고는 바로 알 수 없습니다. 대신, 빗변을 한 변으로 하는 정사각형이 보입니다. 이 정사각형의 넓이를 알면 빗변의 길이를 알 수 있겠죠.

좀 더 쉽게 이해하기 위해 4가지 색으로 칠해진 [그림 4]를 봅시다. 색칠된 부분은 48개의 조각으로 이루어져 있으니 넓이는 48입니다. 분홍색 부분에 주목하세요. 분홍색 직사각형이 대각선으로 나누어져 있으니까 나누어진 각각의 넓이는 같습니다. 마찬가지로 다른 3가지 색으로 이루어진 직사각형도 대각선에 따라 넓이가 반씩 나누어져 있습니다. 이제 빗변을 한 변으로 하는 정사각형의 넓이가 나왔습니다. 색칠된 부분의 절반인

24에, 가운데 빈 조각의 넓이 1을 더해서 25입니다. 넓이가 25인 정사각형의 한 변의 길이는 5입니다.

이처럼 [그림 3]은 두 변의 길이가 3, 4인 직각삼각형의 빗변의 길이가 5임을 보여주고 있습니다. 그림 하나만으로 피타고라스의 정리를 설명하고 있습니다. 하지만 수학의 눈으로 보지 못하면 의미 없는 낙서에 불과할 수 있어요. 여러분 모두 '세상에서 가장 아름답고 완벽한 증명법'을 감상할 수 있는 수학의 눈을 가졌으면 좋겠습니다.

피타고라스를 당황하게 한 무리수

피타고라스가 살던 시대에는 집을 짓고 성을 쌓을 때, 직각 모양으로 돌을 놓거나 문을 만들기 위해 직각을 정확하게 재야 했어요. 피타고라스의 정리를 이용하면 직각삼각형을 쉽게 만들고, 직각을 측정할 수 있었어요. 실제로 고대 그리스 사람들은 길이가 3, 4, 5인 끈을 가지고 다니면서 직각삼각형을 만들었습니다.

이처럼 피타고라스의 정리는 실생활에서 유용하게 사용되었어요. 수학적 증명도 확실했기 때문에 피타고라스는 자신의 발견을 매우 자

• 로마 카피톨리니 박물관에 있는
사모스의 피타고라스 흉상 •

랑스럽게 생각했습니다. 그러나 피타고라스의 정리 때문에 그는 큰 곤경에 빠지게 됩니다. 왜 그랬을까요?

바닥 타일 무늬를 다시 한번 볼게요. 직각을 낀 두 변의 길이가 각각 1인 직각삼각형의 빗변의 길이를 c라고 하면, 피타고라스의 정리에 따라 $1^2+1^2+=C^2$입니다. 즉, $C^2=2$이죠. 하지만 제곱해서 2가 되는 숫자는 없었습니다. $1.4^2=1.96$, $1.41^2=1.9881$, $1.414^2=1.999396$ 등 2와 비슷하게

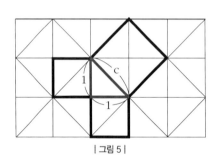

| 그림 5 |

만들 수는 있지만, 제곱해서 정확하게 2가 되는 수는 없었습니다. [그림 5]처럼 넓이가 2인 정사각형은 존재하는 게 확실한데, 그 정사각형의 한 변의 길이를 나타내는 수가 없는 상황입니다.

피타고라스는 깊은 고민에 빠졌습니다. 피타고라스의 정리는 수학적으로 확실하게 증명된 내용인데, 그 정리를 활용해서 나온 결과에는 표현할 수 없는 수가 나타난 것입니다. 결국 피타고라스는 '제곱해서 2가 되는 수'의 존재를 인정하지 않고, 비밀에 부칩니다.

자연수, 분수 중에는 제곱해서 2가 되는 수가 없어요. 우리는 '제곱해서 2가 되는 수'를 $\sqrt{2}$로 표기하고, 이러한 수를 무리수(Irrational number)라고 부릅니다. 무리수는 비율로 나타낼 수 없는 수, 분수로 나타낼 수 없는 수라는 뜻입니다. 그리고 자연수와 분수를 가리켜 유리수(Rational number)라고 합니다. 유리수와 무리수를 모두 합쳐서 실수(Real number)라고 부르며, 실수로는 모든 길이를 나타낼 수 있습니다.

• 한 변의 길이가 1인 정사각형의 대각선 길이는 분수로 나타낼 수 없어요. •

위대한 수학자 피타고라스에게도 무리수는 받아들이기 힘든 개념이었습니다. 비록 자신은 끝내 무리수를 받아들이지 않았지만, 피타고라스 덕분에 무리수의 존재가 세상에 알려졌다고 볼 수 있습니다. 수학은 이렇게 차근차근 발전해 왔습니다.

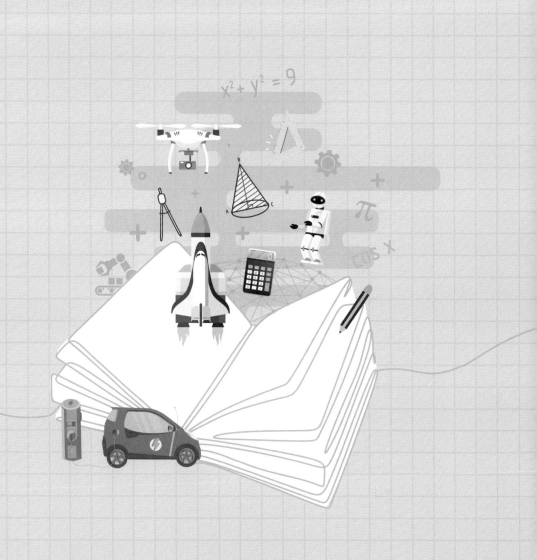

CHAPTER 02

수학을 왜 배워야 하나요?

수학 공부를 하다 보면 도대체 수학을 왜 배워야 하는지 의문이 들죠? 수학은 삶을 살아가는 데 유용한 학문입니다. 수학을 잘 모른다면 잘못된 판단을 내리거나, 눈에 보이는 숫자에 속아서 손해를 볼 수도 있습니다. 여러분이 매일 보는 자동차, 세일 광고지 등 일상 속에 숨겨진 수학은 무엇인지 살펴볼게요. 수학을 알면 어떤 점이 좋은지 깨닫게 될 거예요.

수학은 낯설고 어려운 것이 아니라, 효율적인 판단을 내리는 데 도움을 줍니다. 아침에 일어났을 때, 늑장을 부리면서도 학교에 늦지 않기 위해 5분만 더 자야겠다고 생각하지요. 집에서 학교까지 얼마나 걸리는지 계산해 발걸음을 재촉하기도 하고요. 이러한 과정이 모두 수학입니다.

올바른 판단과
결정을 내리는 비결, 수학

수학을 배우면 무슨 도움이 되나요?

수학을 공부하면서 이런 의문을 가져본 적이 있을 겁니다. '저는 수학자가 될 마음이 없는데, 이걸 왜 배워야 하죠? 제가 수학을 쓸 일이 있을까요?'

물론 수학자가 될 사람은 매우 적습니다. 하지만 수학자가 아니더라도 수학과 관련된 직업을 갖고 수학을 활용하여 일하는 사람은 많습니다. 이와 관련해서는 4장에서 자세히 이야기할게요. 그렇다 하더라도 여전히 '나는 살아가면서 수학을 쓸 일이 없을 거야.'라고 확신하는 친구들이 있을 것 같네요. 이번 장은 이렇게 생각하는 사람들에게 들려줄 이야기입니다. 수학은 특정 직업을 가진 사람만 사용하는 것이 아니라 우리의 일상에서도 유용하답니다.

친구들과 과자를 나눠 먹을 때,
똑같이 나누기 위해 수를 셉니다.
여러분은 합리적인 결정을 내리기 위해
이미 수학을 활용하고 있는 거죠.

수학은 안경이나 현미경과 같아요. 우리는 수학을 통해 복잡한 세상 속에 숨은 구조를 볼 수 있습니다. 물론 우리가 일상생활에서 현미경을 써서 미생물까지 볼 필요는 없죠. 이런 일은 주로 수학자들이 하니까요. 일상생활에서는 안경을 쓰는 것만으로 충분합니다.

하지만 불편하다는 이유로 안경을 쓰지 않는다면 어떤 일이 일어날까요? 바로 코앞에 보이는 것만 보면서 살게 될 것입니다. 삶이 불편해질 뿐만 아니라 위험해지겠죠. 앞이 잘 안 보이면 여기저기 부딪히고 다칠 위험이 커지는 것처럼 말이에요. 마찬가지로 수학이라는 안경을 통해, 우리는 일상생활에서 합리적으로 판단하고 올바른 결정을 내릴 수 있습니다.

어떤 자동차를 선택할까요?

자동차가 연료 1ℓ로 갈 수 있는 거리를 '연비'라고 합니다. 예를 들어 1ℓ의 연료로 10km를 갈 수 있을 때, 이 자동차의 연비를 10km/ℓ라고 표현합니다. A자동차의 연비가 10km/ℓ이고 B자동차의 연비가 15km/ℓ라고 가정할게요. 두 자동차의 가격이나 다른 조건이 동일하다면 어떤 자동차를 사는 것이 좋을까요? 당연히 같은 양의 연료로 더 많은 거리를 갈 수 있는 자동차를 선택할 것입니다.

연비는 자동차의 효율을 나타내는 척도로, 자동차 구입 시 중요한 판단 기준이 될 수 있습니다. 적은 연료로 더 많은 거리를 가는 것을 '연비가 높다.'라고 하지요. 연비가 높은 자동차를 사용하면 기름값을 절약하고 환경을 보호할 수 있습니다. 다음과 같은 상황을 생각해 보죠.

어느 도시의 시청에서는 A와 B, 두 대의 자동차를 사용하고 있습니다. 두 자동차는 1년 동안 같은 거리를 운행합니다. 시청의 예산을 절약하고 도시의 환경을 보호하기 위해, 연비가 높은 새로운 자동차로 바꿀 계획입니다. 그런데 예산이 충분하지 못해서 두 자동차 중 하나만 바꿀 수 있습니다.

연비가 10km/ℓ인 A자동차를 연비가 12km/ℓ인 자동차로 바꿀지, 연비가 30km/ℓ인 B자동차를 연비가 40km/ℓ인 자동차로 바꿀지 고민 중입니다. 여러분이 이 정책의 담당자라면 어느 자동차를 바꿀 건가요?

대학생들에게 물어봤더니 대부분 B자동차를 선택했습니다. A자동차를 바꾸면 연비가 2km/ℓ만 좋아지는데 B자동차를 바꾸면 연비가 10km/ℓ나 높아지니까, 연비 차이가 큰 B자동차를 바꾸는 것이 효과가 더 크다는 이유였습니다. 여러분도 그렇게 생각하나요?

이제 수학의 안경을 쓰고 차근차근 살펴봅시다. 두 자동차가 각각 1년에 10,000km씩 달린다고 생각해 볼게요. 10,000km를 가는 데 A자동차가 사용하는 연료는 몇 ℓ일까요?

연비가 10km/ℓ인 A자동차는 1ℓ로 10km를 갑니다. 10,000km를 가려면 10,000÷10, 즉 1,000ℓ의 연료가 필요합니다. 연비가 12km/ℓ인 자동차라면 10,000km를 가는 데 10,000÷12, 약 833ℓ가 필요합니다. 따라서 연비가 10km/ℓ인 A자동차를 연비가 12km/ℓ인 자동차로 바꾸면 1년에 167ℓ의 연료를 절약할 수 있습니다.

이제 연비가 30km/ℓ인 B자동차가 10,000km를 가는 데 필요한 연료를 계산해 볼게요. 10,000÷30, 약 333ℓ의 연료가 필요합니다. 연비가 40km/ℓ인 자동차는 10,000km를 가는 데 10,000÷40, 250ℓ의 연료가 필요합니다. 따라서 연비가 30km/ℓ인 B자동차를 연비가 40km/ℓ인 자동차로 바꾸면 1년에 83ℓ의 연료를 절약할 수 있습니다.

A자동차를 바꾸었을 때 1년간 절약할 수 있는 연료는 167ℓ이고, B자동차를 바꾸었을 때 1년간 절약할 수 있는 연료는 83ℓ입니다. 도시의 환경을 보호하고 연료를 절약한다면 A자동차를 바꾸는 것이 좋습니다.

	기존 사용량	새로운 사용량	절약한 연료량
A자동차 (10km/ℓ → 12km/ℓ)	1,000ℓ (10,000÷10)	833ℓ (10,000÷12)	167ℓ
B자동차 (30km/ℓ → 40km/ℓ)	333ℓ (10,000÷30)	250ℓ (10,000÷40)	83ℓ

• 10,000km를 가는 데 필요한 연료량 •

왜 대다수의 사람들은 B자동차를 선택했을까요? 겉으로 보이는 숫자에 속은 것입니다. 이런 식으로 생각했을 겁니다. '연비는 자동차의 효율을 나타내는 지표다. 연비의 차이가 크다는 것은 자동차의 효율 차이도 크다는 것이다. 연비가 10km/ℓ에서 12km/ℓ로 바뀌는 것보다 30km/ℓ에서 40km/ℓ로 바뀔 때 훨씬 큰 효과를 거둘 것이다. 연비 차이가 큰 B자동차를 바꾸는 것이 효과적이다.'

이와 같이 연비를 잘못 해석해서 효율이 좋지 않은 자동차를 바꾸는 데 주저하는 사람들도 있습니다. 예를 들어 연비가 10km/ℓ인 자동차를 타던 사람들은 돈을 더 들여서 연비가 12km/ℓ인 자동차로 바꿀 생각을 하지 않습니다. 겨우 2km/ℓ 차이라고 생각하기 때문이죠.

반면에 연비가 30km/ℓ인 차를 타던 사람들에게 연비가 40km/ℓ인 자동차는 매우 큰 차이로 다가옵니다. 연비 차이가 10km/ℓ로 크니까 돈을 더 지불하더라도 차를 바꾸려고 할 겁니다. 하지만 연비가 10km/ℓ인 자동차를 바꿀 때 절약할 수 있는 연료의 양이 훨씬 큽니다.

겉으로 보이는 숫자에 속아 그 의미를 보지 못한다면, 자칫 큰 손해를 볼 수 있습니다. 연비는 자동차의 효율을 알려주는 지표이지만, 주어진 거리를 가는 데 실제로 필요한 연료량을 알기 위해서는 조금 더 깊이 생각할 필요가 있었던 것입니다.

실제로 자동차의 효율을 나타내는 연비로 'km/ℓ' 대신, 100km를 가는 데 필요한 연료의 양을 뜻하는 'ℓ/100km'를 사용하는 국가도 있습니다. 캐나다가 대표적입니다. 캐나다에서는 연비를 나타내는 숫자가 작을수록 효율이 좋은 자동차입니다. 100km를 가는 데 필요한 연료의 양이 적다는 의미이기 때문입니다.

캐나다에서 사용하는 연비를 이용하여 문제 상황을 다시 써보겠습니다.

> 어느 도시의 시청에서는 A와 B, 두 대의 자동차를 사용하고 있습니다. 두 자동차는 1년 동안 같은 거리를 운행합니다. 시청의 예산을 절약하고 도시의 환경을 보호하기 위해, 연비가 높은 새로운 자동차로 바꿀 계획입니다. 그런데 예산이 충분하지 못해서 두 자동차 중 하나만 바꿀 수 있습니다.
>
> 연비가 10ℓ/100km인 A자동차를 연비가 8.3ℓ/100km인 자동차로 바꿀지, 연비가 3.3ℓ/100km인 B자동차를 연비가 2.5ℓ/100km인 자동차로 바꿀지 고민 중입니다.

이렇게 서술한 문제를 제시한다면 사람들의 답이 달라질까요? 그럴 가능성이 큽니다. A자동차를 바꾸면 연비가 10ℓ/100km에서 8.3ℓ/100km로 좋아지고, B자동차라면 연비가 3.3ℓ/100km에서 2.5ℓ/100km로 좋아집니다. 연비 차이가 1.7ℓ와 0.8ℓ이므로 대다수의 사람들은 A자동차를 바꾸기로 선택할 것입니다. 이 경우에는 연비로 제시된 숫자를 그대로 받아들이면 됩니다.

100km당 평균 연료를 표시한 자동차 계기판입니다.
이러한 연비 표기를 사용하는 국가는
캐나다, 호주, 유럽 등이 있습니다.

이처럼 연비를 표시하는 방법을 바꾸기만 해도 사람들의 판단에 큰 영향을 줄 수 있습니다. 수학의 눈으로 세상을 보면 겉으로 드러난 표현에 영향을 받지 않고, 그 이면에 숨어 있는 원리와 의미를 정확하게 파악할 수 있습니다. 연비를 km/ℓ로 표시하든 ℓ/100km로 표시하든, 그 표현이 담고 있는 의미를 이해해야 합니다. 우리는 수학을 통해 일상생활에서 틀리지 않는 법을 알고, 똑똑하게 결정 내릴 수 있습니다.

한국

1ℓ의 연료로
몇 km를
갈 수 있나요?

캐나다

100km를 이동하는 데
몇 ℓ의 연료가
필요한가요?

연비를 표현하는 방식은 나라마다 달라요.
숫자를 표현하는 방식이 달라지더라도 당황하지 마세요.
수학을 공부하면 합리적인 판단을 내릴 수 있으니까요.

수학으로 기르는
똑똑한 경제관념

숫자가 없는 세상이 온다면 어떻게 될까요?

숫자가 없는 세상을 상상할 수 있을까요? 우리는 키, 몸무게, 나이, 돈, 시간, 날짜 등 많은 것들을 숫자로 표현합니다. 숫자는 구체적이고 분명한 의미를 전해 줍니다. 예를 들어 'BTS의 인기가 많다.'라는 말보다 '유튜브 조회수가 1억을 넘었다.'거나 '빌보드 차트 핫100에서 1위를 했다.'라고 표현하는 것이 훨씬 구체적으로 다가옵니다. 최근에는 행복, 자유, 평등과 같은 추상적인 개념도 행복지수, 평등지수처럼 숫자로 나타내서 비교하는 일이 늘고 있습니다.

이처럼 우리 주변에는 숫자로 의미를 표현하는 것들이 점점 많아지고 있습니다. 만약 숫자로 나타낸 것의 의미를 정확히 이해하지 못한다면 숫자에 속을 수도 있습니다. 특히 돈과 관련되었다면 큰 손해로 이어질 수도 있겠지요. 할인율에 대해 알아보겠습니다.

15% 할인과 10% 할인에 추가 5% 할인의 차이

옆 그림은 10% 할인에 추가로 5%를 더 할인해 준다는 광고입니다. 그럼 결국 15% 할인을 한다는 뜻인가요?

'10% 할인에 추가 5% 할인'과 '15% 할인'은 서로 다릅니다. 원래 가격이 100,000원인 물건을 '15% 할인'하면 85,000원입니다. 이제 '10% 할인에 추가 5% 할인'을 적용해 보겠습니다. 먼저 100,000원을 10% 할인하면 90,000원이고, 이 가격에서 추

· 세일 광고지 ·

가로 5% 할인하면 85,500원입니다. 최종 가격이 서로 다르네요. '15% 할인'을 하는 것이 500원 더 저렴합니다.

왜 이런 차이가 생겼을까요? '10% 할인에 추가 5% 할인'을 자세히 볼게요. 앞의 10% 할인은 100,000원에 대한 할인을 뜻하고, 뒤의 5% 할인

은 이미 10% 할인된 90,000원에 대한 할인을 의미합니다. 100,000원에 대한 5%는 5,000원이지만, 90,000원에 대한 5%는 4,500원입니다. 추가 5% 할인에 해당하는 금액이 더 적은 거죠. 따라서 '10% 할인에 추가 5% 할인'을 한다는 것은 '15% 할인'이 아니라 정확하게 말하면 '14.5% 할인'입니다.

이제 물건을 파는 광고주가 '15% 할인'이 아니라 '10% 할인에 추가 5% 할인'이라고 광고를 하는 이유가 분명해졌습니다. 10% 할인에 추가 5% 할인이라는 문구가 마치 15% 할인처럼 보이지만, 실제로는 14.5% 할인에 불과했던 것입니다. 우리는 '추가 할인'이라는 문구를 보면 더 큰 할인이 이루어진다고 착각하기 쉬운데요, 실제로는 15% 할인에도 미치지 못했던 것입니다.

이 상황을 좀 더 쉽게 이해하려면 '50% 할인에 추가 50% 할인'하는 경우를 생각해 보세요. 100% 할인해서 공짜로 준다는 걸까요? 아닙니다. 반의반 값, 즉 100,000원어치 물건을 25,000원에 파는 것입니다. '50% 할인에 추가 50% 할인'이 100% 할인이 아닌 것처럼, '10% 할인에 추가 5% 할인'은 15% 할인과는 다릅니다.

할인 방법에 따라 최종 가격이 달라져요

할인 방법이 다양하다면 실제 가격은 얼마나 다를까요? 다음의 네 가지 할인 방법을 살펴볼게요. '5% 할인에 추가 15% 할인', '10% 할인에 추가 10% 할인', '15% 할인에 추가 5% 할인', '20% 할인'. 원래 가격이 100,000원이라고 가정했을 때, 각 할인 방법에 따른 최종 가격은 아래와 같습니다.

◆ **5% 할인에 추가 15% 할인**
100,000원 → 5% 할인 → 95,000원 → 15% 할인 → 80,750원

◆ **10% 할인에 추가 10% 할인**
100,000원 → 10% 할인 → 90,000원 → 10% 할인 → 81,000원

◆ **15% 할인에 추가 5% 할인**
100,000원 → 15% 할인 → 85,000원 → 5% 할인 → 80,750원

◆ **20% 할인**
100,000원 → 20% 할인 → 80,000원

네 가지 방법 중 가장 저렴한 최종 가격은 '20% 할인'이고, 가장 비싼 최종 가격은 '10% 할인에 추가 10% 할인'입니다. 그런데 흥미로운 점이 있어요. '5% 할인에 추가 15% 할인'과 '15% 할인에 추가 5% 할인'의 최종 가격이 서로 같습니다. 그 이유는 뭘까요?

◆ 5% 할인에 추가 15% 할인

100,000원 → 5% 할인 → 95,000원 → 15% 할인 → 80,750원

$$100,000 \times \frac{95}{100} \times \frac{85}{100} = 80,750$$

◆ 15% 할인에 추가 5% 할인

100,000원 → 15% 할인 → 85,000원 → 5% 할인 → 80,750원

$$100,000 \times \frac{85}{100} \times \frac{95}{100} = 80,750$$

할인 가격을 구하는 과정을 보면, $\frac{95}{100}$와 $\frac{85}{100}$를 곱하는 순서가 다를 뿐입니다. 2×5와 5×2가 서로 같은 것처럼, 곱셈은 순서를 바꿔도 그 결과가 변하지 않습니다. 따라서 5% 할인 후 15% 할인하는 것과 15% 할인 후 5% 할인하는 것은 서로 같습니다.

두 개의 할인권이 있는 경우, 어느 것을 먼저 적용하든 그 결과는 같습니다. 예를 들어 여러분이 쿠폰 할인권(5%)과 학생 할인권(15%)을 가지고 있다고 가정해 볼게요. 쿠폰 할인을 받고 학생 할인을 받든지, 아니면 학생 할인을 받고 쿠폰 할인을 받든지 최종 가격은 같습니다. 무엇을 먼저 하든 상관없는 거죠.

금액이 상승할 때, 실수하지 않으려면?

이번에는 할인이 아니라 비율이 증가하는 상황을 살펴보겠습니다. 예를 들어 전기 요금이 이번 달에 10% 오르고, 다음 달에도 10% 올랐다면 결국 20% 오른 걸까요? 그렇지 않습니다. 이번에는 21% 오른 것과 같습니다.

이제 정리해 보겠습니다. 10% 증가 후 다시 10% 증가한 것은 20% 증가보다 크고(21% 증가), 10% 감소 후 다시 10% 감소한 것은 20% 감소보다 작습니다(19% 감소). 일반적으로 A% 증가(감소)에 B% 증가(감소)가 더해졌다면, 그것은 (A+B)% 증가(감소)가 아닙니다.

이처럼 비율이 반복적으로 감소하거나 증가하는 상황은 우리의 직관이나 상식으로 파악하기가 쉽지 않습니다. 직관을 따르다 보면 실수를 하는 경우가 많습니다. 수학은 직관적인 판단이 범할 수 있는 실수를 바로잡아 주지요. 여러분 스스로 수학적인 사고와 판단을 하지 않는다면, 복잡한

$$100 \times \frac{90}{100} \times \frac{90}{100} \qquad\qquad 100 \times \frac{110}{100} \times \frac{110}{100}$$

81 ← 10% 감소 ← 10% 감소   10% 증가 → 10% 증가 → 121

100

80 ← 20% 감소   20% 증가 → 120

$$100 \times \frac{80}{100} \qquad\qquad\qquad\qquad 100 \times \frac{120}{100}$$

상황에서는 속을 수도 있습니다.

사회가 점점 복잡해지면서 우리의 직관과 상식만으로 올바른 판단을 하기 어려운 경우가 많아지고 있습니다. 수학의 도움으로 우리는 실수를 줄일 수 있습니다.

함께 생각해 볼까요? ─────────────────────

1월 음악 스트리밍 요금은 10,000원이었습니다. 요금이 2월에 10% 오르고, 3월에도 10% 올랐습니다. 3월 요금은 얼마일까요?

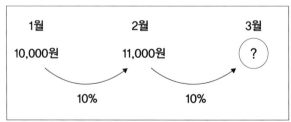

정답: 12,100원

글로벌 기업의 면접에
등장한 수학

보이지 않는 것을 볼 수 있는 인재의 중요성

세계적인 IT 기업 중 하나인 마이크로소프트(Microsoft)는 직원을 채용
하는 면접에서 다음과 같은 질문을 했습니다.

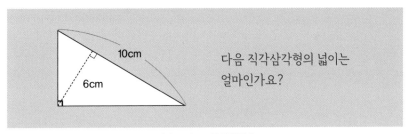

· 마이크로소프트의 입사 문제 ·

삼각형의 넓이를 구하는 데 필요한 조건이 그림에 모두 나타나 있으니
까, 공식에 따라 이 삼각형의 넓이는 $10 \times 6 \times \frac{1}{2} = 30$이라고 생각하고 있

나요?

다시 한번 물어볼게요. 넓이가 30cm²인 게 확실한가요? 마이크로소프트에서 이렇게 쉬운 문제를 내지는 않을 텐데, 뭔가 꿍꿍이가 있을 것 같죠? 마이크로소프트는 왜 이런 문제를 냈을까요?

종이, 연필, 자를 이용해서 앞의 그림과 같은 직각삼각형을 그려보세요. 못 그릴 겁니다. 그림의 조건을 만족하는 직각삼각형은 존재할 수 없으니까요. 마이크로소프트에서 이 질문을 던진 이유는 이렇습니다. '눈에 보이는 것이 사실이 아닐 수 있는데, 우리 회사 지원자는 과연 보이지 않는 것을 볼 수 있는 능력을 갖추고 있는가?'

이처럼 수학은 눈에 보이지 않는 것을 볼 수 있는 좋은 도구입니다. 우리가 현미경으로 작은 입자를 볼 수 있고 망원경으로 멀리 있는 물체를 볼 수 있듯이, 수학은 삶 속에서 숨겨진 질서나 규칙을 발견할 수 있도록 도와줍니다.

이제 수학의 눈으로 직각삼각형을 살펴볼 차례입니다. 아래 그림과 같은 직각삼각형을 만들 수 있을까요? 어떤 것이 가능하고 불가능한지 어떻게 알 수 있을까요?

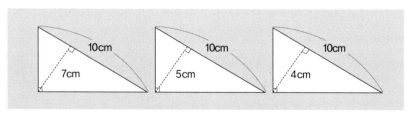

• 직각삼각형의 성립 조건 알아보기 •

직각삼각형의 빗변의 길이와 꼭짓점에서 빗변까지의 높이 사이에는 규칙이 있습니다. 예를 들어 빗변의 길이가 10cm인 직각삼각형이라면, 그 빗변에서 꼭짓점까지의 최대 높이는 5cm입니다.

빗변의 길이가 20cm인 직각삼각형의 경우 높이의 최댓값은 얼마일까요? 혹시 10cm라고 생각했나요? 네, 맞습니다. 높이의 최댓값과 빗변의 길이 사이에 어떤 규칙이나 질서가 있어 보입니다. 수학은 '눈에 보이지 않지만 확실한 규칙이 있을 것 같다.'라는 추측으로부터 시작됩니다.

직각삼각형 높이의 최댓값, 원을 그리면 알 수 있어요

이제 원과 직각삼각형의 관계를 살펴보면서 추측을 확인해 봅시다. 원에서 지름의 양 끝점과 원 위의 한 점을 꼭짓점으로 하는 삼각형을 아래 그림처럼 그렸습니다. 직각삼각형처럼 보이는데, 정말 직각삼각형인지 어떻게 알 수 있을까요?

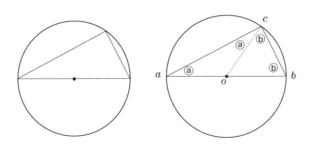

• 직각삼각형과 원의 관계 •

원의 중심(O)과 꼭짓점(c)을 연결한 선분 $\overline{oc}$의 길이는 원의 반지름과 같습니다. $\overline{oa}$, $\overline{ob}$ 모두 원의 반지름과 같으므로 $\overline{oc}=\overline{oa}=\overline{ob}$입니다. 따라서 삼각형 oac와 obc는 모두 이등변삼각형입니다. 이등변삼각형은 '두 밑각의 크기가 같다.'라는 성질이 있습니다. 그러므로 삼각형 oac의 두 밑각은 모두 ⓐ라 할 수 있고, 삼각형 obc의 두 밑각은 모두 ⓑ라고 할 수 있습니다.

이제 원래의 삼각형 abc로 돌아와서 세 각을 볼게요. ⓐ, ⓐ+ⓑ, ⓑ입니다. 삼각형 세 각의 합은 180°이므로 ⓐ+ⓐ+ⓑ+ⓑ=180°입니다. 즉, 2ⓐ+2ⓑ=180°이고, ⓐ+ⓑ=90°입니다. 꼭짓점 c에 해당하는 각이 90°임을 확인한 것인데요, 바로 직각삼각형입니다.

이처럼 지름의 양 끝점과 원 위의 한 점을 꼭짓점으로 하는 삼각형은 항상 직각삼각형입니다. 빗변의 길이가 10cm인 직각삼각형을 그려보면 두 꼭짓점은 지름의 양 끝에 있고, 나머지 한 꼭짓점은 원의 둘레 위에 위치하게 됩니다. 수학자들은 이러한 원이 그려져 있지 않더라도 직각삼각형을 보면서 원을 떠올릴 수 있습니다.

이렇게 원과 관련지어 생각해 보면, 지름에서 원 위의 점까지 수직으로 잰 높이가 반지름인 5cm를 넘을 수 없다는 사실이 분명하게 보입니다. 따라서 빗변의 길이가 10cm인 직각삼각형이 가질 수 있는 최대 높이는 5cm입니다. 밑변이 10cm라면, 마이크로소프트의 입사 시험에 나온 것처럼 높이가 6cm이거나 7cm인 직각삼각형은 현실적으로 만들 수 없는 것이지요.

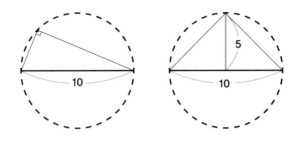

• 직각삼각형의 최대 높이 •

우리가 직각삼각형을 그리면서 원을 그리지 않았지만, 직각삼각형은 원의 성질과 밀접한 관계를 형성하고 있습니다. 이러한 규칙이나 질서는 직각삼각형을 정확하게 그리거나 반복해서 그린다고 해서 저절로 보이는 것이 아니라, 수학적 사고를 통해 알 수 있어요. 우리가 직각삼각형을 보면서 숨겨진 원과의 관계를 볼 때, 직각삼각형의 여러 가지 성질을 이해할 수 있는 것입니다. 수학은 이렇게 현상의 이면에 있는 질서와 규칙을 보여줍니다.

수해력이 높은 사람이 잘사는 이유는 무엇일까요?

앞에서 우리는 효율적인 자동차를 선택하고 더 나은 할인 조건을 판단하는 데 수학이 어떻게 쓰이는지 살펴보았습니다. 연비와 할인율 외에도 수많은 수학적 개념이 일상생활에서 널리 활용되고 있어요. 우리는 이러한 개념과 원리를 이용해, 보고 듣는 내용을 판단하고 의사결정하며 살아갑니다. 사회가 점점 복잡해지면서 일상생활에서 마주하는 수학적 개념도 점점 많아지고 있습니다.

이러한 상황에서 수해력(Numeracy)이라는 용어가 나왔어요. 수해력이란 일상생활에서 수와 관련된 개념을 이해하여 적절한 판단을 내릴 수 있는 능력입니다. 수해력은 글을 읽고 쓸 수 있는 능력인 문해력(Literacy)이란 단어에서 착안한 용어입니다. 글을 읽고 쓰지 못하면 사회생활이 불편하듯이, 수와 관련된 개념이 널리 사용되는 현대 사회에서는 수해력의 중요성이 더욱 커지고 있습니다.

실제로 세계경제협력기구(OECD)에서는 세계 각국의 성인을 대상으로 문해력과 수해력을 측정하는 평가인 국제성인역량조사(PIAAC)를 2013년부터 5년마다 정기적으로 실시하고 있습니다. 세계 각국의 자료를 분석한 결과에 따르면, 수해력이 높은 성인일수록 좋은 일자리를 가질 확률이 높다고 합니다.

성인의 수해력이 사회, 경제 발전에서 중요한 역할을 하는 것으로 드러나자 유럽, 미국, 호주 등 여러 나라에서 수학 교육에 대한 관심이 증가하고 있습니다. 특히 영국에는 어린이와 성인의 수해력 증진을 목적으로 하는 'National Numeracy(NN)'라는 사회단체가 있습니다. NN은 수해력이 필요한 개인과 사업체를 대상으로 수해력을 높이는 프로그램을 제공하고 있습니다.

NN의 조사에 따르면, 영국에서 수해력이 높은 사람은 그렇지 않은 사람보다 많은 수입을 올린다고 합니다. 그렇다면 수해력은 어떻게 기를 수 있을까요? 일상생활에서 수와 관련된 자료를 자주 접하고 사용할수록 높은 수해력을 얻는다고 합니다.

수학의 눈으로 현상을 보고 스스로 생각하여 수학적 판단을 내려보는 경험이 수해력을 길러주고, 우리의 삶을 윤택하게 만들어 준다는 이야기입니다. 우리가 앞서 살펴본 연비와 할인율, 삼각형의 넓이에 관한 상황은 모두 수해력이 필요한 경우이며, 수해력을 향상할 수 있는 좋은 기회입니다.

수해력이란 일상생활에서 숫자의 개념을 잘 이해하는 것이에요.
예를 들어 은행 예금 이자가 몇 퍼센트라면,
몇 년 뒤에 금액이 얼마나 불어날지 어림짐작하는 능력이 수해력입니다.

산업 현장의 문제를 해결하는
국가수리과학연구소

앞서 수학은 복잡한 상황 속에 숨어 있는 규칙과 질서를 보여준다고 말씀드렸지요? 수학이 알려주는 규칙과 질서는 살아가면서 맞닥뜨리는 어려운 문제들을 해결하는 힌트가 됩니다. 이에 따라 수학이 사회 각 분야의 문제를 해결해 주는 경우가 점점 늘고 있습니다.

수학이 다양한 분야에서 두루 활용되자, 수학을 전문적으로 연구하는 국가수리과학연구소가 2005년 설립되었습니다. 이름에서 알 수 있듯이 국가가 설립하고 지원하는 연구소입니다. 국가수리과학연구소에 소속된 수학자들은 수학을 활용해 산업 현장에서 발생하는 문제를 해결하고 있지요. 실제로 공장, 병원, 은행, 정부기관, 다양한 분야의 기업들이 국가수리과학연구소에 문제 해결을 의뢰하고 있습니다.

국가수리과학연구소의 홈페이지에 들어가 보면 연구소에서 해결한 수많은 사례들을 확인할 수 있습니다. 그중 몇 가지만 살펴볼게요. 도시가스를 공급하는 회사는 각 가정의 도시가스 검침이 정확한지, 앞으로 사람들이 도시가스를 얼마나 많이 사용할 것인지 예측하는 방법을 연구소에

• 수학으로 도시가스 사용량을 예측할 수 있어요. •

의뢰했습니다. 부동산 회사는 거래가 활발하지 않은 지역의 주택 가격을 정확하게 예측하는 방법을 의뢰했습니다.

호텔과 같은 숙박시설을 예약하는 앱을 개발하고 운영하는 회사가 의뢰한 문제는 무엇이었을까요? 이 회사는 어떤 고객이 어느 상황에서 어떤 쿠폰을 사용하는지 알고 싶었어요. 고객에게 꼭 필요한 쿠폰을 적절한 시기에 제공해야 하기 때문이죠. 수학자들은 고객들의 쿠폰 사용 데이터를 분석해, 최적화와 관련된 수학 이론으로 문제를 해결했습니다.

농촌진흥청은 사진 속 민들레꽃의 개수를 자동으로 세는 방법을 의뢰했습니다. 수학자들은 민들레꽃의 모양에 착안해 원의 개수를 세는 알고리즘을 이용하기로 했습니다. 그런데 꽃이 겹쳐 있는 경우가 있잖아요. 수학자들은 겹쳐진 원의 개수를 정확히 셀 수 있는 새로운 알고리즘을 연구해 이 문제를 해결했다고 합니다.

이제는 사람이 직접 꽃의 개수를 세지 않고, 컴퓨터로 빠르게 셀 수 있게 되었습니다. 자동으로 꽃의 개수를 셀 수 있게 되자, 농촌진흥청은 여러 가지 꽃의 개화 시기를 정확하게 예측하고 꽃의 개화 패턴도 분석할 수 있게 되었습니다.

최근에는 병원들의 문제 해결 의뢰가 증가해, 연구소 내에 의료수학연구센터가 설치되었습니다. 이곳에서는 엑스레이, CT와 같은 진단 장비로 촬영한 의료 영상을 정확하게 분석하는 방법을 연

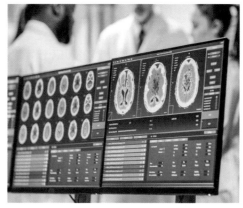

• 수학은 의료 영상을 정확하게 분석하는 데 도움을 줍니다. •

구합니다. 코로나19와 같은 감염병이 어떻게 확산되는지 예측하는 수학적 모델도 연구하고 있죠.

이처럼 수학을 통해 산업 현장에서 일어나는 애로사항을 해결, 지원하는 것을 '산업 수학'이라고 부릅니다. 산업 현장에서 생기는 문제를 연구소에 의뢰하면, 다양한 전공의 수학자들이 함께 모여 그 문제를 수학으로 재해석하고 수학 이론으로 해결합니다. 산업 수학은 각종 산업 현장의 문제를 소통과 협력으로 해결하고, 수학 연구와 발전을 이끈다는 점에서 의의가 있습니다.

수학이 실제로 어떻게 쓰이고 수학자들이 어떤 일을 하는지 궁금하다면, 국가수리과학연구소 홈페이지(www.nims.re.kr)를 방문해 보세요. 초중고 학생들을 위한 수학 대중화 강연과 체험 콘텐츠를 확인할 수 있습니다. 연구소에서 학교로 찾아가는 강연과 설명회도 운영하고 있습니다. 학교에서 선생님께 요청하면 직접 경험할 수도 있습니다.

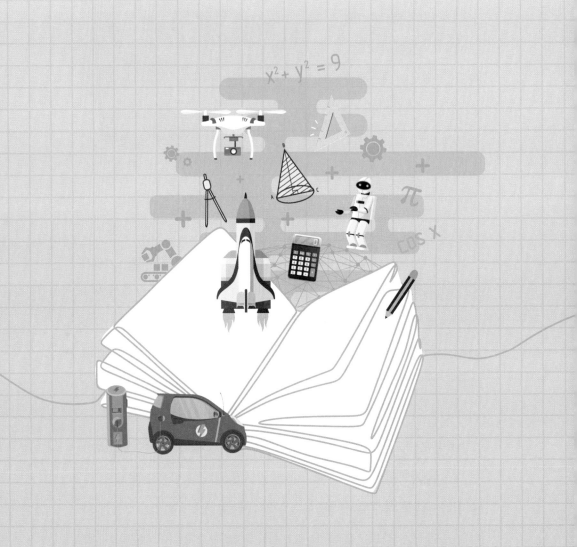

수학이 세상을 바꾼다고요?

수학은 어떻게 생겨났을까요? 수 개념은 물건의 개수를 세는 활동에서 시작되었어요. 인류는 수학을 통해 경제 및 사회 활동을 해왔어요. 수학적 개념을 이용해 상식을 넓히고, 지식과 문명을 발전시켜 온 것입니다.

수학이 없는 세상을 상상하기가 어려울 만큼, 우리의 삶 속에서 수학은 떼려야 뗄 수 없는 학문입니다. 여러분은 매일 수학과 함께 살아가고 있어요. 예를 들어 여러분이 친구들과 만날 시간을 정하고, 스마트폰 지도 앱에서 약속 장소를 검색하고, 간식을 먹고 계산할 때도 전부 수학이 쓰입니다.

이번 장에서는 수학이 어떻게 발전해 왔는지 살펴보고, 수학이 만들어 온 놀라운 변화를 이해해 봅시다.

수 개념은
어떻게 시작되었을까요?

양치기 소년이 양을 세는 방법

숫자가 없었던 아주 오래전 옛날, 한 양치기 소년이 저녁을 맞아 양들을 우리 안으로 모으고 있었습니다. 소년은 아침에 풀어놓은 양들이 모두 돌아왔는지 궁금했습니다. 양이 모두 몇 마리인지 세어보고 기록할 필요가 생긴 거죠. 바로 수학이 시작되는 순간입니다. 양치기 소년은 숫자도 없이 어떻게 양을 세었을까요?

양치기 소년이 주변을 둘러보니 돌이 많았습니다. 소년은 양 한 마리가 지나갈 때마다 돌 하나를 주머니에 넣었습니다. 주머니에 가득 찬 돌과 우리 안의 양을 비교하면, 양이 모두 돌아왔는지 확인할 수 있을 테니까요. 이웃 마을에 사는 다른 양치기와 만나서 주머니의 돌을 비교해 보고, 누가 더 많은 양을 기르는지도 알 수 있었고요.

· 일대일 대응의 원리로 시작된 수 세기 ·

이제 온 마을의 양이 얼마나 많은지 알기 위해서 양을 모두 모아 보지 않아도 되었습니다. 양치기들이 가지고 있는 돌만 모아 보면 충분했습니다. 양을 직접 보지 않아도 누구의 양이 많은지, 양이 모두 몇 마리인지 알 수 있게 된 거죠. 양치기 소년은 돌을 이용해서 양뿐만 아니라 소, 빵, 과일 등 다른 물건도 셀 수 있다는 것을 깨달았습니다. 이제 모든 물건의 개수를 세는 데 돌을 쓰기 시작했습니다. 비로소 '수 개념'이 시작된 것입니다.

구체적인 행동에서 시작된 수 개념

앞의 이야기를 통해 우리는 수 개념의 중요한 특징을 발견할 수 있습니다. 수 개념은 개수를 세는 인간의 행동에서 시작되었습니다. 우리가 돌을 이용해 양뿐만 아니라 소, 빵, 과일과 같은 물건의 개수를 나타낼 수 있는 이유는 무엇일까요? 돌의 모양새가 이들과 닮아서가 아닙니다. 돌을 자세히 본다고 해서 양이 떠오르는 것도 아니고, 양을 오래 본다고 돌이 떠오르는 것도 아니지요. 양을 세는 행동과 돌을 세는 행동이 서로 닮았기 때문에, 우리는 돌로 양이 몇 마리인지 나타낼 수 있었던 것입니다.

수를 편리하게 세는 데 돌과 같은 물건이 적합했기 때문에, 수 개념은 돌 같은 물건으로부터 시작되었다고 해도 과언이 아닙니다. 나무가 많은 지역에서는 돌 대신 나뭇가지가 수를 대신했고, 바닷가에서는 조개껍데기가 수를 대신했습니다. 물론 우리 몸의 손가락도 좋은 도구였습니다.

이처럼 수 개념은 어떤 사물의 특징이 아니라, 우리가 그 사물을 보고 세는 행동으로부터 시작됩니다. 우리가 사과 세 개를 자주 본다고 3이라는 수 개념을 알 수 있는 것은 아닙니다. 사과를 세어 보아야 수를 알 수 있습니다. 수학적 개념을 배우는 가장 효과적인 방법은 그 개념이 시작된 활동을 해보는 것입니다.

이제부터 수학의 역사를 알아볼게요. 수학의 역사를 살펴보면 수학적 개념이 우리의 어떤 행동에서 시작되었고, 그 행동의 특징이 어떻게 수학으로 발전했는지 이해할 수 있습니다.

수 개념은 사물의 개수를 세면서 시작됐어요.
특히 손가락은 수를 세는 데 유용했지요.

로마에서 숫자를 표기하는 방법

• 빗금을 그려 수를 세는 방법 •

개수를 세는 것에서 시작된 수 개념이 현재와 같은 수 체계로 발전하는 과정을 살펴보겠습니다. 양이나 소 대신 돌을 세는 것이 훨씬 편리했기 때문에, 양치기 소년들은 돌을 가지고 다녔습니다. 그러나 돌은 많아질수록 무거워지는 단점이 있었습니다. 가벼운 대상을 찾다 보니, 꼭 물건이 아니어도 세는 행동을 표현할 수 있다는 것을 깨달았어요. 바로 종이 위에 빗금(/)을 표시하는 것입니다. 빗금을 세는 행동이나 돌을 세는 행동이나 같으므로 빗금으로 수를 나타낼 수 있는 거죠. 수 개념이 구체적인 물건에서 벗어나 빗금과 같은 상징적인 기호로 나타나게 된 것입니다. 이제 물건이 많아지더라도 돌을 무겁게 갖고 다닐 필요가 없었습니다.

그때부터 사람들은 저마다 수를 나타내는 기호를 만들기 시작했습니다. 가장 대표적인 기호가 고대 로마에서 사용되었던 로마 숫자입니다. 1부터 10까지 로마 숫자로 쓰면 I, II, III, IV, V, VI, VII, VIII, IX, X입니다. 1부터 3까지는 왜 그렇게 표시했는지 바로 이해가 되죠? 빗금의 개수가 바로 그 수였습니다.

하지만 4부터는 빗금의 개수로 수를 표현하지 않았습니다. 만약 그랬다면 4를 'IIII'로 써야 하는데, 그렇게 표현하지 않았지요. 왜 그랬을까요? 개수만큼 빗금을 그리면 숫자가 커질수록 너무 많은 공간을 차지하기 때문입니다. 5는 'IIIII' 대신 'V'로, 10은 'IIIIIIIIII' 대신 'X'로 쓰면서, 로마 숫자는 빗금보다 효율적으로 수를 기록할 수 있었습니다.

수를 기록하는 방법을 '기수법'이라고 부릅니다. 로마 숫자는 고대 로마에서 시작해 14세기까지 유럽 각지에서 사용된 대표적인 기수법입니다. 로마 숫자의 특징을 몇 가지 더 살펴볼게요. 로마 숫자에서 효율적으로 수를 표현하기 위해 V, X와 같은 새로운 기호를 만들었지만, 새로운 기호가 많아질수록 수를 배우기는 어려워집니다. 가급적 새로운 기호를 줄여야 했지요. 5(V)를 기준으로 IV는 5보다 1이 작은 4를 나타냅니다. VI, VII, VIII은 5보다 1, 2, 3이 큰 6, 7, 8을 나타냅니다. 이러한 방식으로 IX은 10보다 1이 작은 9를 표현합니다. 'I, V, X'의 세 가지 기호만 알면, 이를 적절히 결합해 1부터 49까지의 수를 나타낼 수 있습니다. 예를 들어 'XXIV'는 24를 나타냅니다.

이러한 기수법은 수를 보는 새로운 관점을 반영한 것입니다. 4를 IIII로 표기한다면 1부터 4까지 세는 활동을 반영하지만, IV는 5보다 1이 작다는 의미로 4를 나타내고 있습니다. 즉, 4와 5의 관계가 IV에 반영되어 있습니다. VI, VII, VIII은 V보다 1, 2, 3이 크다는 관계로 그 의미를 나타냅니다. 이처럼 로마 숫자는 수의 관계를 나타내고 있습니다.

이제 수 개념은 어떤 물건의 개수를 세는 활동뿐만 아니라 수와 수 사이의 관계를 알고, 하나의 수를 다른 수로 표현하는 활동을 포함합니다. 예를 들어 9는 10보다 1이 적은 수이며, 5와 4의 합이라고 생각하는 것이 중요해졌습니다.

로마 숫자는 수 사이의 덧셈 관계를 이용해 수를 표기합니다. 예를 들어 로마 숫자 'XXX'는 30입니다. 10을 뜻하는 X를 3번 써서 10+10+10, 즉 30을 나타내는 것입니다. 그런데 이러한 방식으로 60을 나타내려면 X를 여섯 번 써야 합니다. 100을 쓰려면 X를 열 번 써야 하고, 300을 쓰려면 X를 서른 번 써야 하죠. 수가 커질수록 너무 많은 기호를 쓰게 되는 문제가 생깁니다. 그래서 로마 숫자는 큰 수를 나타내는 새로운 기호를 추가했어요.

1	5	10	50	100	500	1000
I	V	X	L	C	D	M

• 로마의 숫자 표기법 •

로마 숫자 'MMCCCXXXXV'는 얼마를 나타낼까요? 각 기호가 나타내는 수를 모두 더하면 됩니다. 즉 1000+1000+100+100+100+10+10+10+10+5가 되어 2345입니다.

'기호의 수를 모두 더하면 그 수가 된다.'라는 뜻에서, 로마 숫자와 같은 기수법을 '덧셈적 기수법'이라고 부릅니다. 덧셈적 기수법의 단점은 큰 수를 나타내기 위해 같은 기호를 반복해서 써야 하고, 계속해서 새로운 기호를 추가해야 한다는 것입니다.

중국에서 숫자를 표기하는 방법

덧셈적 기수법의 단점을 어느 정도 해결한 것이 '곱셈적 기수법'입니다. 예를 들어 우리는 2345를 '이천삼백사십오'라고 읽는데요. 아라비아 숫자가 들어오기 전, 우리나라와 중국에서는 수를 한자 숫자 '二千三百四十五'라고 썼습니다. 이러한 기수법에서 필요한 수 기호는 다음과 같습니다.

1	2	3	4	5	6	7	8	9	10	100	1000	10000
一	二	三	四	五	六	七	八	九	十	百	千	萬
일	이	삼	사	오	육	칠	팔	구	십	백	천	만

• 중국의 숫자 표기법 •

10을 나타내는 기호가 로마 숫자는 X, 한자 숫자는 十입니다. 100과 1000을 나타내는 별도의 기호가 있다는 것도 비슷합니다. 하지만 차이점이 있어요. 30을 나타내기 위해 로마 숫자는 XXX라고 쓰지만, 한자 숫자로는 '十十十'라고 쓰지 않습니다. 한자 숫자는 10이 3개 있다는 의미를 10+10+10이 아닌 3×10으로 표현해 '三十'이라고 씁니다. '五十'은 5×10이라는 의미로 50입니다.

그래서 한자 숫자를 '곱셈적 기수법'이라고 부릅니다. 로마 숫자는 30과 50의 차이가 'X'의 개수의 차이로 나타나지만, 한자 숫자에서는 '十' 앞에 오는 수의 차이로 나타납니다. 한자 숫자와 같은 곱셈적 기수법은 덧셈적 기수법보다 간단하게 수를 표현할 수 있었지만, 여전히 수가 커질수록 새로운 기호가 필요했습니다.

아라비아 숫자로 표기하는 방법

자릿수가 달라지면 새로운 기호가 필요하다는 단점은 어떻게 해결할 수 있을까요? 이러한 문제점을 근본적으로 해결한 기수법이 현재 우리가 사용하는 '위치적 기수법'입니다. 우리는 아라비아 숫자 '0, 1, 2, 3, 4, 5, 6, 7, 8, 9'만 있으면 모든 수를 나타낼 수 있습니다. 더 이상 새로운 기호가 필요하지 않습니다. 어떻게 이것이 가능할까요? '같은 숫자라도 그 숫자가 위치한 자리에 따라 수가 달라진다.'라는 것이 위치적 기수법의 핵심 아이디어입니다.

예를 들어 우리가 333을 썼다면 맨 왼쪽에 있는 3은 300을 나타내고, 가운데 3은 30, 오른쪽 3은 3을 나타냅니다. 3이라는 기호는 같지만, 위치가 어디냐에 따라 그 값이 달라집니다. 로마 숫자에서 'X'는 어디에 있든 10을 나타냅니다. 그래서 'XXX'라고 쓸 때, 각각의 X는 모두 10이고 이를 합해서 30을 나타냈습니다. 한자 숫자에서도 '十'은 위치에 상관없이 항상 10입니다.

우리가 현재 사용하는 위치적 기수법은 3이 있는 위치에 따라 그 값이 결정됩니다. 3000을 나타내는 새로운 기호가 필요하지 않고, 천의 자리에 3을 쓰면 그만입니다. 수가 커지더라도 새로운 기호가 필요한 것이 아니라, 그 수에 맞는 위치만 찾으면 됩니다.

이러한 아이디어는 매우 놀라운 것이었어요. 10개의 숫자만으로 모든 수를 표현할 수 있게 되었으니까요. 하나의 기호가 하나의 수만 나타낸다는 생각에서 벗어나, 그 기호의 위치에 따라 여러 가지 값을 표현할 수 있다는 생각을 하기까지 인류는 오랜 시간이 필요했습니다.

숫자의 종류	숫자 표기	계산 방법	기수법
로마 숫자	MMMCCXX	1000+1000+1000 100+100 10+10	덧셈적 기수법
한자	三千二百二十	3×1000 2×100 2×10	곱셈적 기수법
아라비아 숫자	3220	천의 자리: 3 백의 자리: 2 십의 자리: 2 일의 자리: 0	위치적 기수법

• 숫자 3220을 로마자, 한자, 아라비아 숫자로 나타내는 방법 •

여러분에게는 현재의 위치적 기수법이 너무나 당연해 보이겠지만, 어린 아이들을 자세히 지켜보면 현재의 기수법이 매우 놀라운 발전이라는 사실을 알 수 있어요. 숫자를 처음 알게 된 아이들에게 222는 같은 숫자 2를 반복해서 쓴 것일 뿐입니다. 같은 숫자인데 왜 각각 '이백', '이십', '이'라고 다르게 읽는지 설명하기가 쉽지 않을 겁니다. 만약 여러분의 동생이 그 이유를 물어본다면, 당황하지 말고 양치기 소년의 이야기로 시작하는 기수법의 역사를 들려주세요.

수학은 무조건 외워야 하는 규칙이 아니라, 그렇게 될 수밖에 없는 이유를 담고 있습니다. 그 이야기는 개수 세기와 같은 우리의 행동에서 시작합니다. 다음 페이지에서는 음수에 대해 살펴볼게요.

상상의 수가
현실이 되다, 음수

숫자 0은 왜 등장했을까요?

음수는 0보다 작은 수를 말합니다. 음수에 대한 이야기를 하기 전, 먼저 0에 대해 살펴보겠습니다. 우리가 현재 사용하는 아라비아 숫자 이전에 수를 표기하는 방법은 다양했습니다. 로마 숫자와 한자 숫자뿐만 아니라 기원전 3000년 무렵부터 이미 이집트 숫자, 바빌로니아 숫자 등이 사용되었습니다.

이렇게 오래전부터 수를 표기하는 기호가 다양하게 존재했지만, 0을 나타내는 숫자는 7세기가 되어서야 비로소 등장했습니다. 지금은 0 없이 수를 쓴다는 것을 상상하기 어렵지만, 인류는 수천 년 동안 0 없이 수를 쓰면서 아무런 불편을 못 느꼈던 것입니다.

왜 그랬을까요? 수 개념이 물건의 개수를 세는 활동에서 시작되었다는 이야기를 기억하고 있지요? 셀 물건이 없다면 세는 활동이 일어나지 않습니다. 따라서 아무것도 없는 상태를 수로 나타낼 필요가 없었던 것입니다. 숫자가 물건의 개수를 세는 데만 쓰이는 상황에서는 0이 숫자로써 할 역할이 없었습니다.

실제로 0은 물건의 개수를 세기 위해서가 아니라 우리가 지금 사용하는 위치적 기수법을 완성시키기 위해 등장했습니다. 50이라는 숫자를 볼게요. 0이 일의 자리를 차지하고 있으니 그 자리의 숫자로 나타낼 값은 없지만, 5가 십의 자리에 있음을 명쾌하게 알 수 있습니다.

만약 덧셈적 기수법인 로마 숫자에 아무것도 없음을 뜻하는 0이라는 기호가 있었다고 가정해 봅시다. 'V0'은 얼마를 뜻할까요? 로마 숫자는 기호의 값을 모두 더해서 수를 나타내니까 V0은 5+0, 즉 5와 같습니다. 'V00' 역시 5+0+0으로 5입니다. 0을 아무리 써도 수는 그대로입니다. 그렇다면 힘들게 0을 쓸 이유가 없습니다. 이렇게 덧셈적 기수법에서는 0이 수를 표현하는 데 아무런 역할을 하지 못합니다.

곱셈적 기수법인 한자 숫자도 마찬가지입니다. '三十'은 십(十)이 세(三)개 있다는 뜻으로 30입니다. 그렇다면 '三0'이라고 쓰면 0이 세 개 있다는 건데, 여전히 0입니다. 한자 숫자에서도 0은 수를 표현하는 데 쓸모가 없습니다. 이제 0이 나중에 등장한 이유를 알겠죠?

0은 덧셈적 기수법, 곱셈적 기수법에서는 그 역할이 없었습니다. 위치적 기수법을 완성하기 위해 0은 오랜 세월을 기다리고 있었던 것입니다.

숫자 0은 어떤 수에 더하거나 빼도 그 값이 변하지 않는 수,
아무것도 없는 상태를 의미합니다.
위치적 기수법에서는 자릿수를 표시하는 데 쓰여요.

음수는 언제 필요할까요?

숫자 0을 받아들이는 데 이렇게 오랜 시간이 필요했던 것을 보면, 0보다 작은 수인 음수의 존재를 이해하기는 결코 쉽지 않았겠죠? 실제로 수학자들이 음수를 수로 받아들인 시기는 19세기 무렵입니다. 우리가 음수를 이해하기 시작한 것이 300년 정도밖에 되지 않은 거죠. 음수를 받아들이기 어려웠던 이유는 기존의 수 개념에 맞지 않았기 때문입니다.

수는 물건의 개수를 세거나 길이나 무게를 재는 것처럼, 눈에 보이는 양의 많고 적음을 표현하는 수단이었어요. 그런데 아무것도 없는 것보다 더 적은 양이 존재할 수 있나요? −3개의 사과는 무슨 뜻인가요? 길이가 −5cm인 물건은 어떻게 생긴 건가요? 수량과 크기만 생각한다면 이러한 질문에 답하기가 어렵지요. 그럼에도 불구하고 수학자들이 음수를 받아들인 것은 음수가 필요했고, 유용하게 쓰였기 때문입니다.

0이 위치적 기수법의 완성을 위해 필요했던 것처럼, 음수도 우리에게 필요했습니다. 양수와 음수는 서로 반대되는 성질을 표현하는 데 유용합니다. 예를 들어 이익과 손해, 재산과 빚의 크기를 양수와 음수로 나타낼 수 있습니다. 영상과 영하의 온도, 해발 고도와 해저의 깊이도 양수와 음수로 나타낼 수 있지요. 여기서 음수 기호 '−'가 나옵니다. 100원 손해를 '−100원'으로 표현하고, 영하 5도를 '−5도'와 같이 기호로 나타내면 훨씬 간단하니까요.

음수는 단지 반대의 성질을 나타내는 기호가 아니었어요. 어떤 대상을 양수와 음수로 표현할 수 있다면, 우리는 덧셈과 뺄셈을 할 수 있습니다. 예를 들어 영상 12와 영상 5도의 온도 차이는 12에서 5를 뺀 7도라고 계산할 수 있지요. 즉, 뺄셈으로 두 수의 차이를 구할 수 있습니다. 이런 생각은 음수에서도 그대로 적용되죠. 우리는 영상 5도와 영하 3도의 차이를 구하기 위해 5에서 −3을 빼면 됩니다. 5−(−3)은 5+3으로 계산하지요.

어떤 수에서 음수를 뺀다는 것은 그 음수에 반대되는 양수를 더하는 것과 같습니다. 그 이유는 이렇게 생각할 수 있어요. 영상 5도는 0도보다 5도가 높고, 0도는 영하 3도보다 3도가 높죠? 그러므로 두 기온의 차이는 5+3과 같습니다. 이처럼 영상과 영하를 양수와 음수로 나타내면, 우리는 일교차와 같은 정보를 효율적으로 알아낼 수 있습니다.

양수와 음수의 덧셈과 뺄셈은 영상과 영하, 이익과 손해의 상황을 생각하면 이해하기 쉽습니다. 예를 들어 오늘 하루 500원의 이익을 얻었고 300원의 손해를 입었다면, 결국 200원의 이익을 얻은 것입니다. 이 상황을 식으로 나타내면 500+(−300)입니다. 이와 같은 양수와 음수의 덧셈은 500−300으로 계산할 수 있습니다.

음수와 음수를 왜 곱해야 할까요?

음수를 처음 배우는 학생들에게 음수의 곱셈은 어렵게 다가옵니다. 음수와 음수를 곱한다는 의미가 쉽게 다가오지 않을 것입니다. 이익과 손해

물건을 사고팔 때, 수입과 지출을 확인하려면 음수가 필요해요.
음수는 서로 반대되는 내용을 표현하는 데 유용합니다.

의 상황을 예로 들어볼게요. 손해에 손해를 곱한다는 것이 무슨 뜻인지 이해가 되나요? 음수의 곱셈은 이런 식으로 해석할 수 없어요.

음수의 곱셈은 수 체계, 계산 체계의 관점에서 이해해야 합니다. 이게 무슨 말인지 설명해 볼게요. 지금부터 하려는 설명은 조금 어려울 수도 있습니다. 수학자들도 19세기 무렵에서야 음수를 제대로 이해했을 정도로, 음수는 수 개념 및 수학에 대한 관점을 많이 바꾸어 놓았습니다.

수학에서 음수와 같은 새로운 대상이 등장했을 때, 그 대상을 받아들일지 말지 결정하는 기준은 '기존의 대상이나 규칙과 잘 어울리는지' 확인하는 것입니다. 기존의 체계에 잘 어울리는 대상이 새롭게 등장했다면 어떨까요? 기존의 체계를 더욱 넓게 확장시켜 주고, 우리의 일상생활에서 널리 쓰일 것입니다. 그렇다면 음수는 양수만 있었던 우리의 수 체계, 계산 체계에 잘 어울리는 대상일까요?

먼저, 양수의 곱셈을 아래와 같이 써볼게요.

$4 \times 3 = 12$

$4 \times 2 = 8$

$4 \times 1 = 4$

$4 \times 0 = 0$

$4 \times (-1) = ?$

마지막 줄에 있는 식은 양수와 음수의 곱셈입니다. 그 값이 얼마라고 생각하나요? −4가 떠올랐나요? 첫 줄의 12부터 4씩 줄어드는 패턴을 보면서 마지막 식은 −4가 되는 게 자연스럽다고 생각했을 겁니다. 양수와 음수를 곱해서 음수가 되었습니다. 이러한 생각을 바탕으로 $4\times(-1)=-4$부터 다시 시작해 봅시다.

$4\times(-1)=-4$

$3\times(-1)=-3$

$2\times(-1)=-2$

$1\times(-1)=-1$

$0\times(-1)=0$

$(-1)\times(-1)=?$

마지막 식의 값은 얼마일까요? −4부터 시작해서 1씩 증가하는 패턴을 보면, 마지막 식은 1이 되어야 할 것 같습니다. 음수와 음수를 곱해서 양수가 되었습니다. 우리가 알고 있는 양수와 양수의 곱셈에서 시작해서 그 패턴을 따르다 보니 (양수)×(음수)=(음수), (음수)×(음수)=(양수)라는 새로운 곱셈 규칙이 나타났습니다.

지금까지의 설명이 (양수)×(음수)=(음수), (음수)×(음수)=(양수)라는 곱셈 규칙을 수학적으로 정당화하는 것은 아닙니다. 다만 우리가 알고 있던 곱셈을 음수로 확장해야 한다면, 이러한 규칙을 받아들여야 기존의 계산 체계와 어울릴 수 있습니다.

영상의 온도를 5도, 3도 등 양수로 표현한다면,
0도보다 낮은 영하의 온도는 −3도, −5도 등
음수로 나타내는 것이 자연스러워요.

음수를 포함한 곱셈 규칙이 기존의 계산 체계와 잘 어울리는지 좀 더 확인할 필요가 있습니다. 이를 위해 기존의 계산 체계가 지닌 특징이 무엇인지 파악하고, 그러한 특징이 음수에서도 유지되는지 확인해야 해요.

양수의 계산 체계가 지닌 중요한 특징은 분배법칙입니다. 예를 들어 $(3+4)×2$는 두 가지 방법으로 계산할 수 있습니다. 괄호 안의 숫자를 먼저 합해서 $7×2$로 계산하는 방법과 각각의 숫자를 분할해 $(3×2)+(4×2)$로 계산하는 방법이 있습니다. 분배법칙은 이러한 두 가지 방법의 결과가 서로 같다는 것입니다.

음수가 포함된 $(-3+4)×2$를 두 가지 방법으로 계산해 볼게요. 첫째, 괄호 안의 합은 1이므로 이 식은 $1×2$, 즉 2입니다. 둘째, 각각을 분할하여 $((-3)×2)+(4×2)$로 계산할 수 있습니다. 분배법칙을 유지하려면 $((-3)×2)+(4×2)$의 값도 2가 되어야 해요. 그러려면 $(-3)×2$는 -6이 될 수밖에 없습니다. 따라서 음수를 포함한 곱셈에서도 기존의 계산 체계처럼 분배법칙을 유지하려면 (양수)×(음수)=(음수)라는 규칙이 필요합니다.

이제 $(-3)×(-1+3)$도 두 가지 방법으로 계산해 볼게요. 첫째, 괄호 안의 합은 2입니다. 앞의 계산에서 알 수 있듯이 $(-3)×2=-6$입니다. 둘째, 각각을 분할하여 $(-3)×(-1)+(-3)×3$으로 계산할 수 있습니다. 분배법칙을 유지하려면 이 식의 값도 -6이 되어야 하지요. $(-3)×3=-9$이므로 $(-3)×(-1)$는 3이 될 수밖에 없습니다. 따라서 음수를 포함한 곱셈에서도 기존의 계산 체계처럼 분배법칙을 유지하려면 (음수)×(음수)=(양수)라는 규칙이 필요합니다.

이처럼 음수를 포함해 곱셈을 하더라도 기존의 곱셈 체계가 그대로 유지될 수 있다는 사실이 계속해서 밝혀지면서, 수학자들은 음수를 수로 받아들이게 되었습니다. 수 개념이 처음에는 개수를 세는 행동에서 시작했지만, 음수를 받아들이면서 수는 여러 가지 수학적 대상을 표현하는 수단으로 확장되었지요. 양수와 음수를 모두 사용하면서 우리는 방정식을 효율적으로 해결하고, 함수도 자유롭게 표현할 수 있게 된 거죠.

음수는 언제 어디서 쓰이나요?

우리는 일상생활에서 음수를 자주 접합니다. 겨울철 일기예보를 보면 0도보다 낮은 기온을 음수로 나타냅니다. 냉장고의 온도도 음수로 표시합니다. 주식 시장에서 어제보다 주가가 내려간 경우, 음수로 하락률을 나타냅니다. 구입한 물건을 환불하고 받은 영수증을 보면, 돌려받은 금액이 음수로 표시되어 있어요. 이처럼 음수는 어떤 기준보다 작은 경우를 나타내는 상황에서 자주 쓰입니다.

모르는 수를 가정해서 찾기, 방정식

역사상 가장 오래된 수학책에 나온 퀴즈

기원전 1550년 무렵, 고대 이집트에 살았던 아메스(Ahmes)는 파피루스라는 종이를 펼쳐놓고 수학 공부를 하고 있었습니다. 85개의 수학 문제와 그 풀이가 기록된 아메스 파피루스는 현재 가장 오래된 수학책으로 알려져 있습니다. 이 책에 있는 문제 하나를 같이 풀어볼까요?

어떤 수와 그 수의 $\frac{1}{4}$을 더했더니 15가 되었다. 이 수는 얼마인가?

주어진 조건을 만족하는 미지의 값을 찾아내는 방정식 문제입니다. 어떤 수를 x라고 하면 $x + \frac{1}{4}x = 15$라는 방정식을 세울 수 있습니다. 이렇게 방정식은 3500년 전부터 시작되었습니다. 그런데 궁금한 것이 있어요. 고대 이집트인들도 우리와 같은 방식으로 방정식을 풀었을까요?

방정식 문제가 등장한 것은 매우 오래되었지만, 현재와 같은 풀이가 등장하기까지는 많은 시간이 필요했습니다. 고대 이집트인의 풀이 과정을 보겠습니다.

어떤 수를 4라고 가정하자. 이 수의 $\frac{1}{4}$은 1이다.

그러면 두 수의 합은 5이고 15가 아니다.

5를 3배 해야 15가 되므로,

우리가 처음 가정했던 4도 3배 해야 한다.

따라서 구하려는 어떤 수는 12다.

현재의 방정식 풀이 과정과는 상당히 다르지요. 그러나 방정식을 처음 접하는 학생에게는 자연스러운 방법입니다. 어떤 수를 모르는 상황에서 우리가 할 수 있는 방법 중 하나는 시행착오입니다. 어떤 수를 4라고 가정하면 어떻게 되는지 지켜본 것입니다. 이때 원하는 결과를 얻지 못했다면 다른 수를 가정하고, 정답을 찾을 때까지 계속 시도하는 거죠.

하지만 고대 이집트인들은 답이 나올 때까지 시행착오를 반복하는 것이 아니라, 첫 번째 시도를 분석하여 답을 찾아냈습니다. 여기서 방정식 풀이의 핵심 아이디어를 발견할 수 있습니다. 아직 알지 못하는 수, 즉 미지수를 알고 있다고 가정한 상태에서 수학적 절차를 진행해 정답을 찾아내는 것입니다. 방정식 풀이의 역사는 미지수를 표현하고 다루는 방법의 변

아메스 파피루스는 고대 이집트 시대의 수학책입니다.
이집트의 서기관이었던 아메스가
파피루스에 수학 문제를 기록했어요.

화라고 볼 수 있습니다.

바빌로니아인들이 미지의 도형을 그린 이유

고대 이집트와 비슷한 시기의 바빌로니아에서는 방정식을 어떻게 해결했는지 살펴보겠습니다.

직사각형의 넓이가 77m²이고, 한 변이 다른 변보다 4m 길다.

이 직사각형의 두 변의 길이를 구하라.

한 변의 길이를 미지수 x라고 하면 $x(x+4)=77$, 즉 $x^2+4x-77=0$ 이라는 이차방정식을 세워서 해결할 수 있습니다. 그러나 바빌로니아인들은 도형을 이용해서 풀었습니다.

넓이가 77m²이고 한 변이 다른 변보다 4m 긴 직사각형을 알고 있다고 가정하면, 다음 페이지의 [그림 1]과 같이 나타낼 수 있습니다. [그림 1]에는 작은 직사각형 4개가 표시되어 있습니다. 작은 직사각형의 가로 길이는 모르지만 세로의 길이는 1m씩입니다. 큰 직사각형의 세로 길이가 가로 길이보다 4m 길다는 것을 알 수 있습니다.

이 작은 직사각형 조각 두 개를 옮겨서 [그림 2]의 큰 정사각형을 만들려면 색칠된 부분이 더 필요합니다. 색칠된 부분의 넓이는 총 4m²입니다.

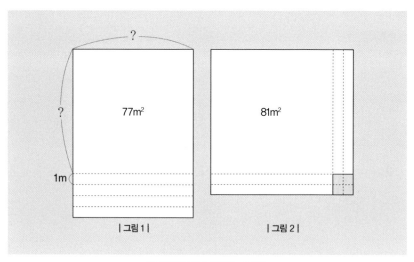

• 직사각형의 넓이로 해결하는 방정식 •

가로 세로의 길이가 각각 2m이기 때문이죠. 색칠된 부분을 포함한 큰 정사각형의 넓이는 처음 직사각형 넓이(77m²)보다 4m² 큽니다. 77+4는 얼마일까요? 81이죠. 이제 [그림 2]의 큰 정사각형의 넓이는 81m²입니다.

이제 정사각형이 되었으니 한 변의 길이를 알 수 있겠죠? 네, 9m입니다. 큰 정사각형 한 변의 길이가 9m이므로 원래 직사각형의 한 변은 7m, 다른 한 변은 11m입니다. 4m 차이가 나야 하니까요.

바빌로니아인들은 미지의 도형을 알고 있다고 가정하고 그림으로 나타냈습니다. 그리고 그 도형을 적절히 변형해, 새로운 정보를 찾아내서 문제를 해결했습니다. 고대 이집트인들이 미지수가 포함된 계산식을 만들고 변형하여 미지수를 찾아냈다면, 바빌로니아인들은 미지수가 포함된 도형을 만들고 변형하여 미지수를 찾아낸 것입니다.

방정식 풀이의 핵심은 모르는 대상을 알고 있다고 가정하여 그 대상이 포함된 식이나 도형을 만들고, 그것을 수학적 규칙에 따라 변형하면서 모르는 대상을 찾아내는 것입니다. 고대 이집트나 바빌로니아에서 미지수를 현재와 같이 기호로 나타내지는 못했지만, 미지수를 각자의 방식대로 표현하고 변형하는 활동은 큰 의미가 있어요. 인류는 오래전부터 미지수를 이용해 다양한 문제를 효과적으로 해결해 왔습니다.

방정식에서 x는 언제 처음 사용되었을까요?

방정식을 표현하고 해결하는 데 기호를 처음 사용한 것은 3세기 무렵의 그리스 수학자 디오판토스(Diophantos)였습니다. 디오판토스는 미지수를 기호로 표현했어요. 그 결과 방정식을 쉽게 세우고, 방정식을 효율적으로 변형할 수 있게 되었습니다. 디오판토스의 묘비에는 다음과 같은 글이 적혀 있었다고 합니다.

일생의 $\frac{1}{6}$을 소년으로 지냈고, 인생의 $\frac{1}{12}$을 청년으로 지냈다.
그 후 일생의 $\frac{1}{7}$이 지난 뒤 결혼했고, 결혼 후 5년 만에 아들을 낳았다.
그러나 그의 아들은 아버지 나이의 $\frac{1}{2}$밖에 살지 못했다.
아들을 먼저 보내고 깊은 슬픔에 빠진 그는 4년 뒤 삶을 마쳤다.

$\dfrac{1}{6}x$	$\dfrac{1}{12}x$	$\dfrac{1}{7}x$	5	$\dfrac{1}{2}x$	4

$$x$$

• 디오판토스의 나이 계산하기 •

디오판토스의 나이를 알려주는 방정식 문제입니다. 디오판토스의 나이를 미지수 x라고 하면, 묘비의 내용을 $\dfrac{1}{6}x+\dfrac{1}{12}x+\dfrac{1}{7}x+5+\dfrac{1}{2}x+4=x$라는 방정식으로 표현할 수 있습니다. 이 방정식을 해결하면 디오판토스가 84세였음을 알 수 있습니다.

미지수를 기호로 표현하면 긴 문장을 간단한 식으로 나타낼 수 있고, 계산도 간편하게 할 수 있습니다. 방정식을 효율적으로 해결하게 된 것이지요. 그러나 디오판토스의 연구는 일부 특정한 방정식의 해결에 머물렀고, 모든 방정식을 해결하는 방법으로는 발전하지 않았습니다.

오늘날의 방정식은 언제 만들어졌을까요?

현재 학교에서 배우는 방정식의 풀이는 9세기 무렵 아랍의 수학자 알콰리즈미(Al-Khwarizmi)로부터 시작되었습니다. 알콰리즈미는 방정식의 일반적인 풀이법을 체계적으로 연구했습니다. 이러한 연구가 중세 유럽에 전파되어 수학의 발전에 큰 역할을 했죠.

특히 '문제를 해결하는 절차'라는 뜻의 알고리즘(Algorithm)은 그의 이름에서 따온 단어입니다. 대수학은 방정식 연구를 포함하는 수학 분야로, 영어로는 'Algebra'라고 하는데요, 이 역시 그의 책 『알자브르(Al-jabr)』의 제목에서 따온 말입니다. 그래서 많은 사람들이 알콰리즈미를 대수학의 아버지라고 부릅니다.

알콰리즈미는 방정식을 해결하기 위한 원리를 제시했습니다. 등호의 한 변에 어떠한 수학적 계산을 하더

• 알콰리즈미가 쓴 아랍어 대수학 논문 『알자브르』 •

라도, 다른 한 변에 그와 똑같은 계산을 한다면 등호는 그대로 유지된다는 원리입니다. 이는 현재 '등식의 성질'이라는 이름으로 교과서에 나옵니다. 예를 들어 $x = 40 - 4x$ 라는 방정식에서 등호의 왼쪽과 오른쪽에 똑같이 $4x$를 더하면, 등호는 그대로 유지되어 $5x = 40$이라는 새로운 식을 얻을 수 있습니다. 이 식의 왼쪽과 오른쪽을 똑같이 5로 나누어도 등호는 그대로 유지되므로 $x = 8$이 됩니다.

이러한 등식의 성질은 모든 방정식의 풀이에 적용됩니다. 등식의 성질은 양팔저울과 같아요. 무게가 같은 두 물건을 양팔저울에 올려놓으면 저울은 균형을 이룹니다. 이때 한쪽에 다른 물건을 올려놓고 다른 쪽에도 똑

양팔저울에 똑같은 물건을 올려놓으면
균형을 이루는 것처럼, 등식도 마찬가지예요.
등식의 양변에 같은 수를
더하거나 빼거나 곱해도 등식은 성립합니다.

같은 물건을 올려놓으면 균형은 그대로 유지되죠. 양쪽에서 똑같은 물건을 빼도 마찬가지입니다. 양변에 같은 수를 셈하면 등호가 유지됩니다. 당연한 것 같은 이치가 방정식 해결의 핵심이었던 것이지요.

앞서 보았던 고대 이집트인들의 방정식 해결 과정에서도 이러한 생각을 찾아볼 수 있습니다. 이집트인들은 처음에 4를 가정해 $4+4\times\frac{1}{4}=5$라는 식을 얻었습니다. 여기서 등호 양변에 3을 곱하면 $3\times4+3\times4\times\frac{1}{4}=3\times5$가 되므로, 원래 찾으려던 수가 12임을 알아낸 것입니다. 바빌로니아에서 도형을 그려 방정식을 해결하는 과정도 마찬가지였어요. 직사각형 조각을 옮기더라도 넓이는 그대로 유지된다는 성질을 이용한 것이었지요.

방정식의 풀이는 문제에서 요구하는 미지수를 안다고 가정하고, 기호를 사용해 미지수가 포함된 식을 만들고, 그 식을 등식의 성질에 따라 변형하면서 미지수를 찾아내는 과정입니다. 이러한 방정식 풀이 과정은 수학적 문제 해결의 중요한 전략입니다.

방정식은 언제 어디서 쓰이나요?

자율주행 자동차는 스스로 도로 상황을 파악하고 목적지에 도착하는 자동차예요. 자율주행 자동차는 보행자와 차량 등의 장애물을 고려하고 속도를 조절하기 위해 방정식을 사용합니다. 예를 들어 속도를 미지수로 설정하고, 현재 속도와 장애물까지의 거리 등을 활용해 방정식을 세웁니다. 이를 해결하여 앞으로 속도를 어떻게 조절할지 판단하는 것이지요.

도형과 식의 만남, 좌표평면

천장 위의 파리를 보고 떠오른 아이디어

• 데카르트의 초상화 •

17세기 프랑스의 철학자이자 수학자인 르네 데카르트(René Descartes)는 어느 날 침대에 누워 있다가 천장에 붙어 있는 파리 한 마리를 보았습니다. 그 순간, '파리의 위치를 두 개의 수로 나타낼 수 있겠다.'라는 생각이 떠올랐어요. 자신의 머리 쪽에 있는 벽에서부터 파리까지의 거리를 나타내는 수 하나와, 자신의 왼쪽에 있는 벽에서부터 파리까지의 거리를 나타내는 수만 있으면 파리의 위치를 정확하게 표현할 수 있겠다고 생각한 것입니다.

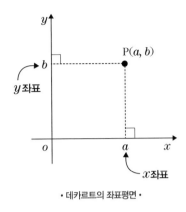

· 데카르트의 좌표평면 ·

데카르트는 이 생각을 토대로 두 개의 벽을 가로축, 세로축으로 하는 좌표평면을 만들었습니다. 가로축(x축)과 세로축(y축)이 있는 평면을 떠올려 볼까요? 점 P의 위치는 가로축의 값(a)과 세로축의 값(b)을 이용해 좌표(a, b)로 표시할 수 있습니다. 이때 a를 x좌표, b를 y좌표라고 합니다.

데카르트의 좌표평면 아이디어는 물체의 위치를 편리하고 정확하게 나타내는 획기적인 방식이었어요. 그는 직선과 곡선, 도형을 표현하는 데에도 좌표평면을 사용했죠. '직선은 점의 모임이다.'라고 생각했기 때문입니다.

하나의 점을 하나의 좌표로 표시할 수 있듯이, 점의 모임은 식으로 나타낼 수 있음을 깨달았습니다. 예를 들어 (1, 2), (2, 4), (3, 6)과 같이 y좌표가 x좌표의 2배인 점들의 모임을 좌표평면 위에 찍어보면 직선이 그려집니다. 데카르트는 직선을 이루는 점들의 x좌표와 y좌표의 관계를 $y=2x$라는 식으로 표현했습니다. $y=2x$와 같은 식을 '함수'라고 합니다. 함수는 하나의 값을 입력했을 때 어떤 값을 출력하는 규칙이라고 할 수 있어요. $y=2x$라는 함수는 x에 1을 입력하면 그것을 2배 하여 y값으로 2를 출력

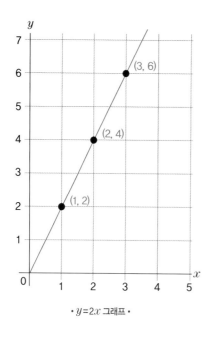

· $y=2x$ 그래프 ·

하는 규칙을 나타냅니다. .

데카르트는 좌표평면을 이용해 직선, 곡선과 같은 도형을 함수라는 식으로 나타내는 방법을 찾아낸 것입니다. 데카르트 이전까지 수학자들은 도형과 식은 서로 관련이 없는 대상이라고 여겼습니다. 그러나 좌표평면을 통해 수학자들은 도형을 식이라고 생각하게 되었고, 식을 도형으로 바라볼 수 있게 되었습니다. 예를 들어 $y=2x$는 x와 y의 관계를 나타내는 함수식으로 해석할 수 있고, 이와 동시

함수는 언제 어디서 쓰이나요?

함수는 자동판매기와 비슷해요. 자동판매기에 돈을 넣으면 금액에 맞는 물건이 나오죠? 이처럼 함수는 현재의 조건을 입력하면 우리가 궁금해하는 미래의 모습을 알려줍니다. 함수는 미래를 예측하고 싶은 곳에서 두루 쓰입니다. 금융 분야에서는 함수를 이용해 주식이 앞으로 어떻게 변할지 예측합니다. 항공 분야에서는 로켓이나 비행기의 경로를 예측합니다. 택배나 배달 분야에서는 최적의 경로를 계산하고 분석하는 데 함수를 활용합니다.

에 좌표가 (x, y)인 점들의 모임인 직선으로 해석할 수도 있습니다.

대수와 기하를 연결하는 다리

도형의 성질을 연구하는 분야를 기하학이라고 하고, 수 계산이나 방정식 풀이처럼 식을 연구하는 분야를 대수학이라고 합니다. 데카르트의 좌표평면은 기하학과 대수학이 서로 만날 수 있도록 다리 역할을 했지요. 서로 교류가 없었던 두 영역이 교류하면서 수학은 폭발적으로 발전하기 시작합니다. 기하학에서 다루기 어려웠던 문제가 대수학의 도움으로 해결되기도 하고, 대수학의 어려움을 기하학이 해결해 주기도 하면서 대수학과 기하학 모두 발전하게 된 것입니다.

좌표평면이 도입되면서 음수도 더욱 중요해졌습니다. 예를 들어 양수만 있는 좌표평면이라면, $y=2x$의 그래프는 오른쪽 위로만 뻗어가는 반직선으로 나타납니다. 그러나 좌표평면에 음수를 포함해, x축의 왼쪽과 y축의 아래쪽을 추가한다면 어떨까요? $y=2x$는 반직선이 아니라 양쪽으로 뻗어가는 완전한 직선으로 표현할 수 있습니다.

또한 이 직선이 점(−1, −2)을 지나간다는 것은 $y=2x$라는 함수식에 $x=-1$을 대입했을 때 y값이 $2 \times (-1) = -2$라는 점을 분명하게 보여줍니다. (양수)×(음수)=(음수)라는 규칙이 기하학적으로도 자연스럽다는 뜻입니다.

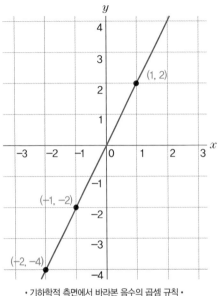

· 기하학적 측면에서 바라본 음수의 곱셈 규칙 ·

앞서 음수를 포함한 계산 규칙이 기존의 계산 체계와 잘 어울리기 때문에 타당하다고 이야기했죠? 이는 대수적 관점으로 설명한 것이었어요. 이번에는 좌표평면을 통해 음수의 계산 규칙이 기하학적으로도 타당하다는 사실이 드러났습니다.

이와 같이 좌표평면은 대수와 기하를 연결하고, 음수와 같이 새로운 개념과도 조화를 이루면서 수학을 풍성하게 만들어 주었습니다.

좌표 위에 그릴 수 있는 무한한 숫자들, 실수

수학자들은 좌표평면을 사용해 많은 문제를 해결해냈지만, 한 가지 근본적인 의문이 남아 있었습니다. 좌표평면의 기준이 되는 x축과 y축은 직선이고, 그 직선 위에는 일정한 간격으로 수를 표시했습니다. x축 위의 점 $(1, 0)$과 $(2, 0)$ 사이에는 무수히 많은 점이 있습니다. 만약 빈 곳이 있다면

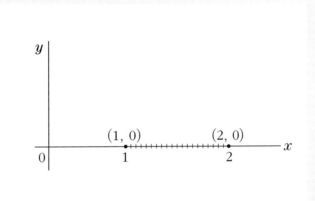

수많은 점이 모이면 선이 됩니다. 그렇다면 1과 2 사이에도
무수히 많은 숫자들이 존재할까요?

직선으로 연결되지 않고 끊어져 있겠죠. 그렇다면 (1, 0)과 (2, 0) 사이의 무수히 많은 점에 대응하는 수도 무수히 많아야 할 겁니다. 과연 수도 그렇게 연속적으로 존재할까요?

수학자들은 많은 고민과 연구를 통해 수를 다시 정의합니다. 직선을 이루는 점이 연속적으로 존재한다는 점에 착안해, 수도 연속적으로 존재한다는 실수(Real number) 개념을 만들어낸 것이죠.

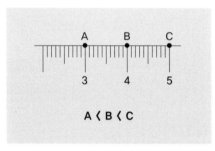

• 수직선 위의 점 A, B, C. 눈금자를 보면 이해하기 쉬워요. •

세 점 A, B, C가 한 직선 위에 있을 때 A가 B의 왼쪽에 있고, B가 C의 왼쪽에 있다면, A는 C의 왼쪽에 있습니다. 당연한 성질입니다. 그런데 수 개념도 이와 비슷한 성질을 가집니다. 서로 다른 세 수 a, b, c가 있을 때, a가 b보다 작고 b가 c보다 작으면 a는 c보다 작습니다. 따라서 a ⟨ b이고 b ⟨ c이면 a ⟨ c입니다. 이와 같이 점 사이의 순서가 있듯이, 수 사이에도 순서가 정해질 수 있습니다.

순서를 정할 수 있다는 공통점에 근거해, 수학자들은 점과 수를 대응시켜서 무한히 연속으로 존재하는 실수 개념을 정의했습니다. 현재 우리가 사용하는 수 개념이 완성된 것입니다. 1.2와 1.3 사이에 1.25가 있고, 1.25와 1.26 사이에는 1.255가 있는 것처럼, 어떤 두 수를 생각하더라도 그 사이에 항상 또 다른 수가 있습니다. 즉, 두 수 사이에 빈 곳이 없다는 것이 실수의 중요한 성질입니다.

우리가 사용하는 실수는 이처럼 '무한'과 관련되어 있습니다. 우리는 수를 통해 무한을 다룰 수 있게 되었어요. 이는 연속적인 변화를 다루는 미적분 개념으로 연결됩니다.

좌표는 언제 어디서 쓰이나요?

휴대폰에서 지도 앱을 켜면 현재 위치가 지도 위에 표시됩니다. 휴대폰은 내 위치를 어떻게 알고 있을까요? GPS 위성이 휴대폰의 신호를 감지해 좌표를 알려주고 있기 때문입니다. 좌표만 알면 지도 위에서 내 위치를 찾을 수 있는 거죠. 지도 위에서 길을 찾는 방법도 좌표를 이용한 것입니다.

변화와 움직임을
다루는 언어, 미적분

아르키메데스의 연구와 좌표평면의 만남

친구에게 공을 던져 준다고 생각해 봅시다. 공은 완만한 포물선을 그리며 날아가 친구의 손으로 떨어지겠지요. 앞에서 살펴본 데카르트의 좌표평면 덕분에, 우리는 물체가 운동하면서 만들어내는 곡선의 궤적을 함수로 표현할 수 있게 되었습니다.

곡선의 연구는 물체의 운동과 변화를 이해하는 데 중요한 역할을 합니다. 많은 수학자들이 곡선에 대한 연구를 시작했습니다. 이때 고대 그리스의 수학자 아르키메데스(Archimedes)의 연구가 새롭게 주목을 받았어요. 아르키메데스는 곡선을 처음 연구했고 많은 것을 발견했지만, 당시에는 더 많은 연구로 확장되지 못했어요. 그러던 중 데카르트가 좌표평면을 발견하자, 다양한 곡선과 곡면을 식으로 손쉽게 표현할 수 있게 되었습니다. 수학자들은 아르키메데스가 못다 한 연구와 아이디어를 발전시킬 수 있게 되었습니다.

아르키메데스는 왕관의 부피를 재면서 부력의 원리를 발견하고 '유레카!'를 외친 일화로 유명한 수학자입니다. 아르키메데스는 수많은 원리를 발견하고 기계 장치 등을 발명했지만, 스스로는 공의 부피와 넓이에 관한 증명을 가장 자랑스러

• 이탈리아의 화가 도메니코 페티가 1620년에 그린 〈생각하는 아르키메데스〉 •

워했어요. 자신의 묘비에 '원기둥에 공을 넣은 모양을 조각해 달라.'라는 유언을 남겼을 정도로요.

공이나 곡선의 넓이와 부피를 구하려면 무한과 적분이 필요했습니다. 아르키메데스가 살던 시대에는 무한과 적분의 개념이 수학적으로 완성되지 않았어요. 좌표평면도 없었기 때문에 함수나 수로 곡선을 나타내서 계산하는 것도 불가능했죠. 아르키메데스가 자신의 업적을 자랑스러워한 것은 당연한 일이었어요. 그 업적을 인정해, 세계수학자대회에서 최고의 수학자들에게 수여하는 필즈 메달의 앞면에는 아르키메데스의 얼굴이, 뒷면에는 원기둥과 공의 모양이 새겨져 있습니다.

아르키메데스는 포물선, 원, 구와 같은 곡선이나 곡면의 넓이를 구하면서 적분의 아이디어를 사용했습니다. 적분이란 '분할해서 누적한다.'라는

날아가는 공이 그리는 포물선처럼,
곡선으로 이루어진 영역의 넓이를 구하려면 적분이 필요해요.

뜻입니다. 적분은 어떤 영역의 넓이를 구할 때, 그 영역을 작은 직사각형 조각으로 나누고 그 조각의 넓이를 합하여 원래 영역의 넓이를 구하는 방법입니다. 물론 이 적분이 수학적으로 정의되기까지는 2000년 이상의 세월이 걸렸습니다.

아르키메데스는 원의 넓이를 어떻게 구했을까요?

아르키메데스가 원의 넓이를 구하는 과정을 살펴볼게요. 그는 간단하지만 분명한 사실에서 출발했습니다. 바로 '원의 넓이는 원의 내부에 접한 다각형의 넓이보다는 크고, 원의 외부를 둘러싼 다각형의 넓이보다는 작다.'라는 것이지요. 예를 들어 [그림 1]에서 반지름이 1인 원의 내부에 접하는 정사각형의 넓이는 2입니다. 그리고 이 원을 둘러싼 정사각형의 넓이는 4입니다. 그렇다면 이 원의 넓이는 2보다 크고 4보다 작겠지요.

원의 내부와 외부에 접하는 다각형을 사각형이 아니라 정오각형으로 바꾸어서 각각의 넓이를 구하면, 원의 넓이를 좀 더 정확하게 구할 수 있습니다. 이러한 방식으로 다음 페이지의 [그림 2]처럼 원에 접하는 도형을

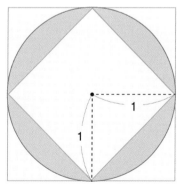

• [그림 1] 정사각형과 원 •

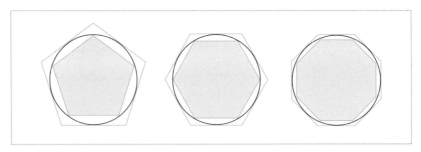

• [그림 2] 다각형과 원 •

정육각형, 정칠각형, 정팔각형으로 바꾸어 가다 보면, 원의 넓이를 점점 더 정확하게 구할 수 있습니다. 아르키메데스는 원에 접하는 정다각형의 변의 개수를 무한히 늘린다면, 그 정다각형의 넓이가 원의 넓이와 같게 되리라고 생각한 것입니다.

이러한 아이디어는 곡선으로 이루어진 도형의 넓이를 구하는 적분의 바탕이 되었어요. 예를 들어 다음 페이지의 [그래프 1]처럼 곡선 아래의 넓이를 구할 때도 다음과 같은 사실을 관찰할 수 있습니다. 곡선의 넓이는 곡선의 내부에 접하는 직사각형들의 넓이의 합보다는 크고, 곡선의 외부를 둘러싼 직사각형들의 넓이의 합보다는 작습니다. 원의 경우처럼 하나의 다각형이 아니라 여러 개의 직사각형으로 만드는 이유는 뭘까요? 다른 다각형보다 직사각형의 넓이를 구하기가 쉽기 때문입니다.

각각의 직사각형을 좀 더 얇고 가늘게 쪼개어 개수를 점점 늘려갈수록, 직사각형 넓이의 합은 곡선으로 이루어진 도형의 넓이에 가까워집니다. 이와 같이 곡선을 따라 무수히 많은 작은 직사각형으로 분할하고, 그 직

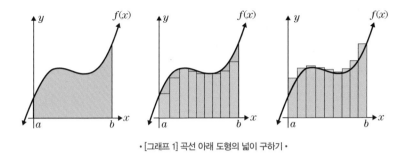

· [그래프 1] 곡선 아래 도형의 넓이 구하기 ·

사각형들의 넓이를 합해 곡선으로 이루어진 도형의 넓이를 구하는 방법을 '적분'이라고 합니다.

우리는 적분을 통해 곡선으로 이루어진 도형의 넓이와 길이를 구할 수 있게 되었습니다. 이를 응용하면, 공과 같이 곡면이 포함된 입체 도형의 부피와 겉넓이도 적분으로 구할 수 있습니다. 곡선이나 곡면은 우리가 알고 있는 기본 도형인 직사각형이나 직육면체가 모여서 이루어진 것으로 볼 수 있죠. 따라서 이러한 기본 도형을 무한히 작게 만들어서 합치는 방식으로 곡선이나 곡면의 넓이와 부피를 알아낼 수 있는 것입니다.

떨어지는 사과의 속도를 어떻게 알 수 있나요?

이제 미분의 개념을 알아보기 위해 속도 이야기를 하겠습니다. 고속도로에는 자동차의 과속을 단속하는 카메라가 있습니다. 빠르게 달리던 운

· 과속 단속 카메라 ·

전자들은 저 멀리 과속 단속 카메라가 보이면, 속도를 줄여서 과속 단속 지점을 통과합니다. 여기서 궁금한 점이 생깁니다. 도대체 과속 단속 카메라는 단속 지점에서 자동차의 속도를 어떻게 알 수 있을까요?

움직이는 물체의 특정 순간의 속도를 알기 위해 필요한 개념이 바로 '미분'입니다. 예를 들어 20m 높이의 나무에서 사과가 떨어져서 땅에 닿기까지 2초가 걸렸다고 가정해 볼게요. 2초 동안 20m를 움직였으므로, 사과가 땅에 떨어질 때까지의 평균 속도는 1초에 10m를 움직인다는 의미로 '초속 10m'라고 할 수 있습니다.

그런데 사과가 2초 동안 똑같은 속도로 움직였을까요? 아닙니다. 사과는 중력 때문에 떨어지는 동안 점점 속도가 빨라져요. 그렇다면 사과가 떨어지기 시작해서 1초가 지난 그 순간의 속도는 얼마일까요? 1.5초일 때의 속도는 얼마일까요? 아이작 뉴턴(Isaac Newton)은 이러한 질문에 답하는 과정에서 미분 개념을 떠올리게 되었습니다.

우선 사과의 움직임을 그래프로 나타내 볼게요. 다음 페이지의 [그래프 2]에서 x축은 시간, y축은 사과가 낙하한 거리입니다. 그래프를 보면 매 순간 사과의 위치를 알 수 있습니다. 1초가 지났을 때 사과는 5m 떨어졌고, 2초가 지나서 20m를 움직여 땅에 떨어진 상황입니다.

처음 1초 동안 사과는 5m 떨어졌고, 그 후 1초 동안은 15m를 떨어졌으니 점점 속도가 빨라진다는 것은 알 수 있습니다. 우리가 알고 싶은 것은 정확히 1초일 때 사과의 속도입니다.

아르키메데스가 원의 넓이를 구하기 위해 정사각형에서 시작하여 정오각형, 정육각형 순서로 오차를 줄여가면서 접근했듯이, 1초일 때의 순간속도를 구하는 과정도 점진적으로

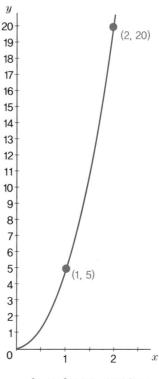

• [그래프 2] 떨어지는 사과의 움직임
(＊가로축은 시간, 세로축은 낙하 거리) •

범위를 좁혀가게 됩니다. 먼저 1초에서 2초 사이에 사과는 5m에서 20m까지 움직였으므로, 이때의 속도는 $\frac{20-5}{2-1}$, 즉 초속 15m입니다.

이제 시간 간격을 점점 좁혀서 속도를 구해 봅시다. 이런 식으로 1초에서 1.5초 사이의 사과의 속도를 구할 수 있습니다. 이 속도는 1초에서 2초 사이의 속도보다 좀 더 1초일 때의 순간속도에 가까울 것입니다. 1초에서 1.1초 사이의 속도, 1초에서 1.01초 사이의 속도를 구하는 식으로 점점 시간 간격을 좁힐수록, 1초일 때의 순간속도에 가까워집니다. 그렇다면

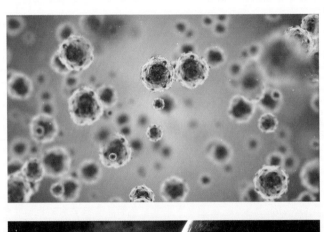

미생물의 증식부터 우주 행성의 움직임에 이르기까지,
미분은 세상의 변화를 분석하고 예측하는 데 유용해요.

시간 간격을 얼마나 좁혀야 할까요?

이렇게 무한히 작은 값으로 좁혀서 그 순간속도를 구하는 방법을 미분이라고 합니다. 미분은 움직이는 물체의 순간적인 변화율을 알려줘요. 떨어지는 사과의 위치를 그래프로 나타내고 함수로 표현하면, 미분을 통해 매 순간 사과의 순간속도를 계산할 수 있습니다. 사과의 속도가 어떻게 변하는지 파악할 수 있지요.

이와 같은 방식으로, 우리는 미분을 통해 움직이는 물체의 변화를 수학적으로 정확하게 계산할 수 있습니다. 실제로 미분을 이용해 행성의 이동을 정확하게 표현하고 예측할 수 있습니다. 미분은 움직이는 물체뿐만 아니라 변화하는 현상을 분석하는 데에도 유용합니다. 미생물이 얼마나 빠르게 증식하는지, 주식 시장이 어떻게 변화하는지, 열이 어떻게 전달되는지 등 변화를 다루는 곳에 미분이 쓰입니다.

미분과 적분은 서로 반대되는 과정이에요

사과의 순간속도를 구하는 과정으로 미분을 설명하다 보면, 그 계산이 매우 복잡한 것처럼 보입니다. 그러나 함수를 알고 있다면 미분은 간단해집니다. 예를 들어 앞 페이지의 [그래프 2]에 나타난 함수식은 $y=5x^2$입니다. 이 함수를 미분하면 $y=10x$가 됩니다. 우리는 미분으로 구한 함수식으로 순간속도를 구할 수 있습니다. 1초일 때 순간속도는 $y=10x$

에 $x=1$을 대입하여 계산할 수 있습니다. $y=10x$라는 함수를 적분하면 $y=5x^2$가 됩니다. 즉, 미분과 적분은 서로 반대의 과정입니다.

어떤 함수를 미분하고 다시 적분하면 원래의 함수가 됩니다. 적분하고 미분을 해도 원래의 함수가 되고요. 우리가 어떤 수에 같은 수를 더하고 다시 그 수를 빼면 아무런 변화가 없는 것처럼, 미분과 적분은 서로 반대되는 과정이라고 볼 수 있어요. 그래서 우리는 미분과 적분을 미적분이라는 이름으로 부르며 함께 배우는 것입니다. 미분과 적분은 각각 수학적으로 유용한 도구인 동시에, 서로 밀접한 관계를 갖습니다.

미적분은 언제 어디서 쓰이나요?

미적분은 변화와 움직임을 나타내고 분석하는 데 효과적인 수단입니다. 코로나 19 바이러스와 같은 감염병이 확산되는 상황을 분석하고 예측하는 데 미적분이 쓰입니다. 3D 애니메이션이나 영화에서 특수 효과를 만들거나, 게임에서 캐릭터의 움직임을 자연스럽게 나타낼 때도 미적분을 활용합니다.

4차 산업혁명과 수학

4차 산업혁명 시대, 인공지능과 빅데이터는 유망 기술로 손꼽힙니다. 유튜브나 넷플릭스는 내 취향에 맞는 영상을 추천해 주고, 카카오톡은 단어를 한 글자만 써도 나머지 글자를 알아서 완성해 줍니다. 번역기가 음성을 듣고 영어를 한국어로 번역해 주거나, 내비게이션이 길을 알려주는 것이 가능한 이유는 인공지능과 빅데이터 기술 덕분입니다. 머지않아 자율주행 자동차도 도로에 등장할 것입니다.

그런데 여러분, 인공지능과 빅데이터를 눈으로 본 적이 있으세요? 도대체 인공지능과 빅데이터는 무엇으로 만드는 것일까요? 바로 수학이 큰 역할을 하고 있습니다. 수학은 '패턴의 과학'이라고도 불립니다. 수학은 복잡한 현상 속에 숨어 있는 패턴을 찾아내고 설명하는 가장 효과적인 수단이기 때문이죠.

수많은 사람들이 시청한 동영상 목록을 모으면 엄청난 양의 데이터가 됩니다. 수학은 이러한 빅데이터를 효과적으로 분석하고, 방대한 데이터 속에 숨은 패턴이나 규칙을 찾도록 도와줍니다. 예를 들어 'A영화를 본 사

• 여러분은 스마트폰에서 빅데이터와 인공지능을 사용하고
있어요. 빅데이터와 인공지능의 핵심은 수학입니다. •

람들이 B영화를 보고 '좋아요'를 누른 경우가 70%다.'라는 것을 수학으로
분석해 냈다면, A영화를 본 사람에게 B영화를 추천해 주면 취향에 맞을
겁니다. 이처럼 인공지능은 수많은 수학적 계산을 수행해 나에게 딱 맞는
동영상을 추천해 줍니다.

카카오톡에 한 글자만 써도 단어와 문장이 자동으로 완성되는 이유는
무엇일까요? 수학이 문장의 패턴을 분석했기 때문입니다. 금융과 주식 시
장에서 나타나는 복잡한 패턴을 분석하고 예측하는 일, 우리 몸에서 일어
나는 생명 현상의 패턴을 이해하는 일에도 수학이 쓰입니다. 금융 회사와
병원에서 일하는 수학자도 점점 늘어나고 있습니다.

사회 전반적으로 수학이 유용하게 쓰이면서 수학자의 역할이 중요해지

• 수학은 복잡하고 방대한 데이터 속에서
의미 있는 정보를 찾도록 도와줘요. •

고 있습니다. 2014년 미국의 직업 분석 기업 커리어캐스트(Career Cast, www.careercast.com)에서 발표한 미국 최고의 직업 순위에서 수학자가 1위를 차지했습니다. 매년 발표하는 미국 최고의 직업 순위에서 수학자는 계속해서 10위 이내에 포함되고 있습니다(2015년 3위, 2016년 7위, 2017년 7위, 2018년 2위, 2019년 8위). 또한 수학과 관련된 데이터 과학자, 통계학자 등이 항상 10위 안에 포함되어 있습니다.

앞으로의 세상은 점점 복잡해질 것이고, 모든 분야에서 엄청난 양의 데이터를 분석하는 일은 더욱 중요해질 것입니다. 복잡한 현상에서 규칙과 질서를 찾아내고 분석하는 최적의 도구인 수학, 다양한 분야에서 각광받는 것은 당연한 일이겠지요.

수학으로 무슨 일을 할 수 있나요?

우리는 모두 '수학이 중요하다.'라며 공부하고 있습니다. 하지만 수학이 시험 말고 어디에 쓰이는지 들어본 적 있나요?

수학은 복잡한 이론으로 그치는 것이 아닌, 실제로 삶 곳곳에서 널리 쓰이는 학문입니다. 내일 날씨를 예측하거나 경제 상황을 전망하는 데에도 수학이 쓰입니다. 재미있는 애니메이션과 스포츠에도 수학의 비밀이 얽혀 있습니다. 최근 주목받고 있는 인공지능 기술도 수학과 밀접한 관련이 있습니다.

수학으로 다양한 일을 할 수 있다는 것을 알게 된다면, 수학이 쓸모없다는 생각은 사라질 거예요. 그럼 수학과 좀 더 친해져 볼까요?

미해결 문제에 도전해
세상을 바꿔요

지각생이 풀어낸 미해결 문제

수업에 늦은 한 대학생이 뒤늦게 강의실에 들어갔습니다. 수업은 이미 시작되었고, 칠판에 수학 문제 세 개가 적혀 있었습니다. 대학생은 그것이 숙제인 줄 알고 노트에 적었습니다. 수업이 끝난 후 일주일 간 열심히 숙제를 했지만, 너무 어려워서 세 문제 중 겨우 하나만 풀 수 있었습니다. 그는 '교수님 죄송해요. 너무 어려워서 한 문제밖에 풀지 못했습니다.'라는 메모와 함께 숙제를 제출했습니다.

그런데 교수님은 깜짝 놀랐습니다. 교수님이 칠판에 적어 놓았던 것은 그동안 어떤 수학자도 풀지 못했던 미해결 문제였습니다. 미해결 문제를 소개하기 위해 적어 놓았던 문제를 한 대학생이 풀어 버린 것이지요. 이 천재적인 수학자의 이름은 존 밀너(John Milnor)입니다. 그는 1962년 수학계의 노벨상이라고 불리는 필즈상을 받았고, 그 후에 울프상(Wolf prize)과 아벨상(Abel prize)까지 수상한 뛰어난 수학자입니다. 이처럼 수학계의 권위 있는 세 개의 상을 모두 받은 사람은 지금까지 단 네 명뿐이라고 합니다.

• 존 밀너 •

아무도 답을 모르는 문제를 찾아서 해결해요

존 밀너와 같은 천재적인 수학자는 흔치 않지만, 수학자들은 모두 미해결 문제에 도전하고 있습니다. 우리가 학교에서 푸는 문제들은 모두 답과 풀이가 있지요. 그러나 수학자들이 하는 일은 아무도 답을 모르는 문제를 해결하는 것입니다. 수학자들은 연구를 위해 좋은 문제를 찾습니다. 우선 문제가 있어야 답을 구할 수 있으니까요.

이 세상 누구도 답을 모르는 문제를 연구하다가 그 답을 찾아냈을 때의 기쁨과 성취감은 수학자들이 느끼는 가장 큰 보람 가운데 하나지요. 여러분이 좋아하는 게임을 하다 보면, 한 번도 가지 못한 영역에 도달하거나 신기록을 세우는 경우가 있을 것입니다. 그때의 즐거움을 상상해 보세요. 이러한 미지의 세계에 대한 호기심과 열정이 수학자들을 연구로 이끄는 동기가 됩니다.

• 다비트 힐베르트 •

20세기 초, 전 세계 수학자들의 존경을 받던 독일의 수학자 다비트 힐베르트(David Hilbert)는 세계수학자대회에서 '20세기에 해결해야 할 23가지 수학 난제'라는 기조 강연을 통해 미해결 문제 23개를 발표했습니다. 힐베르트가 소개한 23개의 문제는 전 세계 수학자들의 연구 목표가 되었지요. 현재까지 많은 문제가 해결되었지만, 여전히 3개는 미해결 문제로 남아 있는 상태입니다.

힐베르트의 기조 강연 이후 100년이 지난 2000년, 미국 클레이 수학연구소는 앞으로 100년간 풀어야 하는 7개의 미해결 문제를 발표했습니다. 각 문제를 해결하는 사람에게는 100만 달러의 상금을 지급하기로 했습니다. 수학자들은 지금도 어디선가 미해결 문제를 풀기 위해 노력하고 있습니다. 여러분 중에서 그 상금을 받는 사람이 나오기를 기대합니다.

수학자들은 왜 아무도 답을 모르는 문제를 풀려고 하는 걸까요? 비록 정답을 찾지는 못하더라도, 수학자들은 미해결 문제를 푸는 과정에서 수많은 수학 이론과 개념을 발견합니다. 이러한 노력이 수학의 발전을 이끌어 왔습니다.

2500년 동안 누구도 풀지 못한 수학 난제

2500년 이상 풀리지 않고 있는 미해결 문제를 하나 소개할게요. 소수에 관한 문제입니다. 소수란 2, 3, 5, 7과 같이 약수가 1과 자기 자신뿐인 자연수를 말합니다. 이러한 소수는 모두 몇 개 있을까요? 셀 수 없이 많아요. 소수가 무한히 많다는 증명은 중학교 수학 교과서에도 소개되어 있으니 참고해 보세요.

이처럼 소수가 무한히 많다는 사실은 증명되었지만, 그 많은 소수가 어떻게 분포되어 있는지는 알려진 바가 많지 않습니다. 이렇게 무한히 존재하는 소수 중에서 '3과 5', '5와 7', '11과 13'처럼 두 수의 차이가 2인 소수의 쌍을 '쌍둥이 소수'라고 합니다. 이러한 쌍둥이 소수는 모두 몇 개나 있을까요? 수학자들은 쌍둥이 소수도 무한히 많을 것이라 추측하고 있지만, 그것을 증명한 사람은 아직 없습니다.

이 문제는 아직까지 해결되지 않은 채로 남아 있는데, 최근 중대한 돌파구가 마련되었습니다. 2013년 중국계 미국인 수학자 이탕 장(Yitang Zhang)이 '두 소수의 차이가 7,000만보다 작은 소수의 쌍이 무한히 많다.'라는 사실을 증명한 것이지요. 무명의 수학자였던 이탕 장은 이 증명으로 단숨에 세계적인 수학자가 되었습니다.

자신의 성과를 토대로 많은 수학자들과 협력한 그는 다시 '두 소수의 차이가 246보다 작은 소수의 쌍이 무한히 많다.'라는 것을 증명했습니다. 머지않아 그 차이가 2인 쌍둥이 소수에 대한 증명도 밝혀질지, 많은 수학자들이 궁금해하고 있습니다.

샌드위치 가게 점원에서 세계적인 수학자가 되기까지

이탕 장의 이야기를 좀 더 해볼게요. 중국식으로 이름을 쓸 때는 우리나라와 마찬가지로 성과 이름 순서로 적기 때문에, 이탕 장도 사실은 장이탕이라고 부르는 게 맞겠지요. 그가 주로 활동한 곳이 미국이기에, 미국식으로 이탕 장이라고 부른답니다.

그는 1955년 중국 상하이에서 태어나 어릴 때부터 수학에 두각을 보였

소수는 언제 어디서 쓰이나요?

인터넷 사이트에 가입하거나 휴대폰으로 결제를 할 때, 본인 인증이 필요하죠. 우리는 본인 인증을 위해 암호를 입력합니다. 이러한 암호를 안전하게 지키는 장치를 만드는 데 소수가 활용됩니다. 소수는 무한히 많고, 아직까지 어떤 규칙으로 나타나는지 완전히 밝혀지지 않았어요. 그래서 소수를 이용해 암호 체계를 만들면 보안을 유지할 수 있습니다.

본문에서 쌍둥이 소수에 대한 성질을 증명한 것이 대단하게 평가받는 이유도, 비밀스러운 소수의 성질을 일부나마 밝혀냈기 때문입니다. 물론 아직도 소수의 패턴이 완벽하게 밝혀지지 않아서, 우리의 암호 체계는 안전하게 유지되고 있습니다.

소수에 대한 비밀은 아직 풀리지 않았지만,
이 점을 활용해 암호와 보안 체계를 만들 수 있습니다.

· 이탕 장 ·

습니다. 아홉 살 무렵에는 피타고라스 정리에 대한 증명을 스스로 발견했다고 합니다. 직각삼각형의 두 변과 빗변의 관계를 증명하는 피타고라스 정리 말이에요. 대단하지요? 이후 이탕 장은 우리나라로 치면 서울대학교와 같은 베이징대학교 수학과에 입학했습니다.

이탕 장은 베이징대학교에서 석사 학위를 받고 미국으로 건너갔어요. 1991년에는 미국에서 10위 안에 꼽히는, 아주 뛰어난 학생들이 가는 대학교인 퍼듀대학교에서 박사 학위를 받았습니다. 하지만 이탕 장은 뛰어난 수학자들과의 경쟁에서 밀려 학계에 자리를 잡지 못한 채, 8년간 식당 배달부와 샌드위치 가게 점원 등으로 일했습니다.

그러던 중 1999년 뉴햄프셔대학교에서 강사 자리를 제안받아, 꿈에 그리던 수학자의 삶을 살게 되었습니다. 40대 중반에 강사가 된 그는 바로 결혼했지만, 경제적으로 여유롭지는 못했지요.

그는 2008년부터 쌍둥이 소수에 관심을 갖고 연구를 시작했습니다. 그리고 58세가 된 2013년에 자신의 연구 성과를 발표했습니다. 이러한 성과 덕분에 세계적인 수학자로 명성을 얻었습니다. 이듬해에는 15년간의 시간강사 생활을 마치고, 뉴햄프셔대학교의 정교수가 되었습니다.

그는 인터뷰에서 자신의 삶을 되돌아보며 이렇게 말했다고 합니다.

"다른 일을 할 때도 대학 도서관을 찾아 수학 저널과 연구 성과를 보며 동향을 익혔어요. 나는 전혀 똑똑하지 않습니다. 다만 정말 수학을 사랑했고, 그것이 중요하지요."

여러분도 수학을 사랑해 보았으면 합니다.

혁신적인 인공지능,
수학으로 만들어요

수학은 인공지능 개발을 도와줘요

인공지능이라고 하면 조금 딱딱하거나 어렵다고 생각할지도 모르겠습니다. 하지만 이미 인공지능은 우리의 삶 깊숙이 들어와 있어요. 여러분들이 과제를 할 때 종종 사용하는 구글 번역기, 네이버 번역기 파파고도 인공지능을 토대로 만들어진 시스템입니다. 그동안 번역된 수많은 자료를 토대로 가장 적합한 문장을 찾아내는 것이지요.

여러분이 자주 보는 유튜브에서 새로운 동영상을 추천하는 과정에도 인공지능이 쓰입니다. 여러분이 그동안 보았던 동영상을 분석해서 좋아할 만한 동영상을 추천하지요. 인터넷을 실행했더니 여러분이 사고 싶었던 신발 브랜드 광고가 화면에 등장한 적이 있을 겁니다. 인공지능이 여러분의 과거 쇼핑 내역을 분석했기에 가능한 일입니다.

이처럼 인공지능은 다양한 자료를 학습해, 새로운 자료가 입력되었을 때 그것이 무엇인지 판단합니다. 사람이 새로운 지식을 배우는 과정과 비슷해요. 우리는 같은 사람을 몇 번 만나고 나면, 그 사람의 얼굴이 조금 변하더라도 누구인지 금방 알아냅니다. 목소리나 발음이 약간 다르더라도 말의 의미를 쉽게 이해하고요. 친구가 하는 행동을 여러 번 보고 나면, 그 친구가 좋아하는 것을 알아내서 필요한 선물을 주기도 합니다.

우리는 어떻게 이런 일을 해내는 걸까요? 여러분 모두 일상적으로 이런 일을 하고 있습니다. 그런데 어떻게 그게 가능한지 설명할 수 있나요? 사람을 몇 번 만나면서 그 모습과 목소리, 취향에 관한 자료를 기억했다가 나중에 비슷한 상황을 마주했을 때 적절한 판단을 하는 것입니다. 이때 우리 머릿속에서 어떤 일이 일어나는지 설명하기는 어려울 겁니다. 그래서 그동안 사람의 학습 과정과 사고 과정을 따라하는 인공지능을 개발하는 것이 어려웠던 것입니다.

하지만 최근 수학의 도움으로 인공지능이 급속히 발전하게 되었어요. 수학은 인공지능이 처리할 수 있도록 자료를 변환하는 데 중요한 역할을 합니다.

컴퓨터가 사람의 손글씨를 알아보는 방법

숫자 8을 한번 써보세요. 친구에게도 쓰라고 해보세요. 서로 똑같나요?

수학은 인공지능의 기초가 되는 학문이에요.
인공지능에는 행렬, 벡터,
미적분, 확률과 통계 등이 활용됩니다.

100명에게 써보라고 하면 각자의 글씨체에 따라 100개의 서로 다른 모양의 숫자 8이 나타날 것입니다. 100개의 글씨가 미묘하게 다르지만 우리는 그 숫자를 8이라고 알아봅니다. 우리에게는 어려운 일이 아니죠.

그런데 컴퓨터는 우리가 쓴 글씨를 알아보는 것을 매우 어려워합니다. 모양이 조금씩 다른데 어디까지 8이라고 해야 할지 쉽게 판단하지 못하는 거죠. 컴퓨터가 우리가 쓴 글씨를 쉽게 인식할 수 있다면, 키보드로 입력할 필요가 없겠죠. 글씨를 인식하는 것도 어려우니 우리의 말을 알아듣는 것은 더 어려울 테고요. 사람의 목소리와 말투, 억양 등은 글씨체보다 훨씬 다양하니까요. 그러나 인공지능 기술이 발전하면서 이제는 컴퓨터와 스마트폰이 사람의 글씨, 목소리 등을 인식하고 있습니다.

인공지능은 어떻게 이런 일을 할 수 있을까요? 수많은 자료를 표현하고 그것을 처리할 수 있는 수학의 힘 덕분입니다. 인공지능은 글씨, 사진, 목소리, 동영상 등의 자료를 수로 바꿔서 처리합니다.

예를 들어 누군가 손으로 숫자 8을 쓰면, 컴퓨터는 숫자 8을 가로, 세로로 잘게 자릅니다. 마치 모눈종이처럼 말이지요. 다음으로 각 칸의 색을 숫자로 바꿉니다. 검은색은 0, 흰색은 255로 나타냅니다. 검은색과 흰색 사이의 색은 검은색과 흰색에 가까운 정도에 따라 그 사이의 수로 바꿉니다. 그렇게 색에 따라 숫자로 변환하면 다음 페이지의 [그림]처럼 되지요. 여기에는 수많은 수가 있는데요, 그 수를 왼쪽 위에서부터 오른쪽 아래까지 순서대로 적어보면 다음과 같습니다.

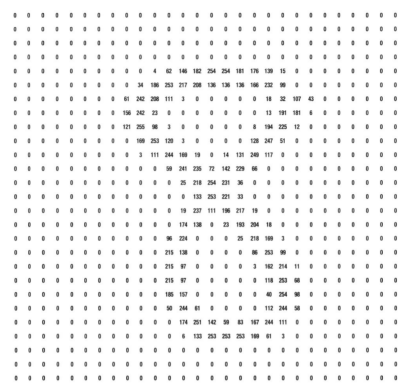

• [그림] 손으로 쓴 숫자 8을 컴퓨터가 벡터로 인식하는 모습 •

[0 2 15 0 0 11 10 0 0 0 0 9 ······ 0 0 0 14 1 0 6 6 0 0]

　　매우 긴 수모임이 나타났습니다. 수학에서는 이러한 숫자의 집합을 '벡터'라고 부릅니다. 위 그림은 손으로 쓴 8을 벡터로 표현한 것입니다. 인공지능은 손글씨를 벡터라는 숫자로 이루어진 정보로 바꿔서 인식합니다.

조금 더 나아가 보겠습니다. 내가 쓴 숫자 8이 앞쪽 그림의 모양과 다르다면, 그 글씨에 대응하는 벡터도 다르게 나타날 것입니다. 예를 들어 [1 2 10 1 2 0 9 0 0 0 0 9 1 …… 1 0 0 9 1 0 5 6 0 0]일 수도 있지요. 물론 숫자 9에 대응하는 벡터도 있고, 다른 글씨에 대응하는 벡터도 있습니다. 이제 인공지능은 수많은 벡터들 가운데 어떤 벡터를 숫자 8로 인식할 것인지 결정해야 합니다.

[0 2 15 0 0 11 11 0 0 0 0 0 9 …… 0 0 0 14 1 0 6 6 0 0] → 8

[1 2 10 1 2 0 9 0 0 0 0 9 1 …… 1 0 0 9 1 0 5 6 0 0] → 8

[0 1 11 2 0 0 7 10 0 0 0 0 2 1 …… 0 1 0 12 1 0 6 3 0 0] → 9

인공지능은 어떻게 이러저러한 벡터는 8로 인식하고, 다른 벡터는 다른 글씨로 파악하는 걸까요? 수학이 필요한 순간입니다. 우리가 덧셈, 곱셈 등으로 자연수를 계산하듯이 수학자들은 벡터를 계산하는 방법을 생각했습니다. 행렬 개념을 도입해, 하나의 벡터를 다른 벡터로 바꾸는 체계적인 절차를 만든 것입니다. 행렬이란 $\begin{pmatrix} 1 & 2 \\ 3 & 4 \end{pmatrix}$처럼 수를 가로와 세로로 적어 놓은 것입니다. 벡터 역시 행렬의 일부라고 생각할 수 있습니다. 벡터와 행렬의 계산을 예로 들면 다음과 같습니다.

$$(1\ 2)\times\begin{pmatrix}1&2\\3&4\end{pmatrix}=(1\times1+2\times3\ \ 1\times2+2\times4)=(7\ 10)$$

벡터 (1 2)가 행렬 $\begin{pmatrix}1&2\\3&4\end{pmatrix}$ 에 따라 벡터 (7 10)로 바뀐 것입니다. 벡터를 이루는 수가 많아질수록 행렬도 훨씬 복잡해집니다. 행렬과 벡터에 대한 자세한 개념과 계산 절차는 고등학교 수학 교과서에 나와 있어요.

행렬이라고 하면 어렵게 들리지만, 이는 여러분이 들어보았을 연립방정식을 표현하는 과정에서 시작된 개념입니다. 연립방정식은 두 개 이상의 미지수가 포함된 방정식의 쌍을 말합니다. 다음처럼 말이에요.

$$2x+3y=5$$

$$4x+5y=3$$

$$\begin{pmatrix}2&3\\4&5\end{pmatrix}\begin{pmatrix}x\\y\end{pmatrix}=\begin{pmatrix}5\\3\end{pmatrix}$$

인공지능은 입력받은 벡터에 적절한 행렬을 찾아서 그 벡터를 다른 벡터로 바꿉니다. 앞서 이야기한 것처럼, 손으로 쓴 숫자 8은 모양에 따라 여러 가지 벡터로 표현할 수 있습니다. 이렇게 서로 다른 벡터를 모두 숫자 8을 의미하는 특정 벡터로 바꾸어줄 수 있는 행렬을 찾는 것이 인공지능이 하는 일입니다. 인공지능이 그러한 행렬을 찾아냈다면, 앞으로 새로운 자료가 들어올 때마다 계산을 통해 그 자료가 숫자 8인지 아닌지 판단할 수 있습니다. 이런 식으로 수학자들은 적절한 행렬을 찾아내는 효과적이고 체계적인 방법을 연구하고 있습니다.

환자들의 질병 진단,
수학자가 도와줘요

우리 몸은 왜 24시간 주기로 움직일까요?

우리는 밤이 되면 잠을 자고 아침이 되면 일어납니다. 당연한 말을 왜 하냐고요? 앞에서 수학은 상식의 확장이라고 말씀드렸지요? 우리의 몸이 24시간을 주기로 똑같은 행동을 반복하는 이유를 연구하는 수학자가 있었습니다. 수학자는 비밀을 풀기 위해 의사, 생물학자와 함께 연구했고, 마침내 미분방정식을 통해 답을 알아냈습니다.

수학은 컴퓨터나 공학 분야에만 쓰인다고 생각하기 쉽지만, 우리 신체의 작용 원리나 구조를 연구하는 의학, 생물학 분야에서도 유용하게 쓰이고 있습니다. 과연 이 수학자는 우리 몸의 24시간 주기를 어떻게 밝혀냈을까요?

어느 날 한 생물학자가 새로운 사실을 발견합니다. 우리 뇌에 어떤 물질

• 카이스트 김재경 교수 •

이 있는데 그 양이 늘었다 줄어드는 간격이 정확히 24시간이고, 우리 몸은 이 생체시계 덕분에 24시간을 주기로 활동할 수 있다는 것이었어요. 그런데 그 물질의 양이 24시간을 주기로 변하는 이유는 여전히 모르는 상황이었습니다.

수학자는 미분방정식을 이용해 그 이유를 찾아냈습니다. 우리 몸에서 생체시계 역할을 하는 물질들 사이의 관계를 방정식으로 정리해 풀이해 보니, 특정 단백질 사이의 비율이 생체시계에서 중요한 역할을 한다는 사실을 알아낸 것이지요. 실험 결과, 실제로 단백질 사이의 비율이 바뀌면 생체시계의 주기가 변한다는 것을 확인했습니다. 이 수학자는 바로 카이스트(KAIST)의 김재경 교수입니다.

이렇게 밝혀진 생체시계의 작동 원리는 많은 곳에 활용할 수 있습니다. 예를 들어 해외로 장거리 여행을 가는 경우를 생각해 볼게요. 보통 먼 나라일수록 시차가 많이 나서 우리나라와 낮과 밤이 완전히 다른데요, 이 시차에 적응하기가 쉽지 않습니다. 만약 생체시계 주기를 조절하는 약이 나온다면 시차 적응이 쉬워질 수도 있겠지요.

생명 현상을 연구하는 유망한 수학 분야, 수리생물학

수리생물학은 수학과 생물학의 협력으로 생명 현상을 분석하는 학문입니다. 우리의 몸은 수조 개의 세포로 이루어졌고, 각 세포 역시 수조 개의 분자로 구성되어 있습니다. 이러한 생명 시스템을 이해하는 데 수학이 쓰입니다.

수학자들은 우리 몸에서 일어나는 복잡한 생명 현상을 수학적 모델로 표현해 가상 실험을 진행하거나, 의학자들의 실험을 도와주고 있습니다. 예를 들어 수학자들은 암, 당뇨와 같은 질병이 발생하는 과정에 대해 수학적 모델을 만듭니다. 의사가 실험을 하기 전, 실험 결과를 어느 정도 예측하거나 적절한 가설을 세우는 데 도움을 주는 것이지요. 질병 진단의 정확성을 높여주는 알고리즘을 개발하기도 합니다.

우리나라에서는 수리생물학이라는 학문이 낯설게 느껴지지만, 미국에서는 무척 주목받고 있는 분야입니다. 최근 미국의 수학 박사 6명 중 1명, 통계학 박사의 절반은 생물학 관련 연구로 학위를 받을 정도라고 하니 관심을 가져볼 만하지요. 미국 국립과학재단과 수학자 제임스 사이먼스가 세운 사이먼스 재단은 매년 450억 원을 지원하는 수리생물학 연구소를 2017년 미국에 공동 설립했습니다. 이곳에서는 생명과학의 혁명을 위한 연구에 박차를 가하고 있습니다.

수리생물학자는 의사, 생물학자 등과 협력해 연구 문제를 발굴하고, 공동 연구를 진행합니다. 최근에는 세계적인 제약 회사의 신약 개발을 돕는

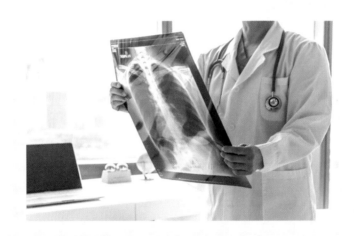

수리생물학은 환자의 질병을
정확하게 진단하는 데 도움을 줍니다.

연구도 이루어지고 있습니다. 글로벌 제약 회사에는 수리 모델링 그룹이 따로 있는데요, 수리 모델링은 신약 개발 비용을 획기적으로 줄여줄 수 있다고 합니다.

앞으로 수학자와 생물학자, 의사들의 협력은 더욱 활발해질 것으로 예상됩니다. 실제로 카이스트 수리생물학 연구실의 박사 졸업생은 미국 미시건대학교의 수학과가 아닌 의과대학의 연구원이 되었고, 울산과학기술원(UNIST)의 수학과 박사 졸업생은 일본 홋카이도 의과대학의 교수로 임용되었습니다.

경제와 금융 시장 변화,
수학자가 예측해요

억만장자가 된 수학자의 비밀

수학자라고 하면 어떤 이미지가 떠오르나요? 혹시 골방에 틀어박혀 수학 문제만 푸는 사람이 연상되나요? 수학자라는 직업은 어쩐지 돈을 많이 벌지 못할 것 같다는 고정관념이 있습니다. 하지만 세계적인 부자로 유명한 수학자가 있습니다. 제임스 사이먼스(James Simons) 르네상스 테크놀로지스 회장입니다. 미국의 경제 잡지 《포브스》에 따르면, 2021년 그는 미국에서 23번째로 손꼽히는 부자라고 합니다. 그는 어떻게 많은 돈을 벌 수 있었을까요?

제임스 사이먼스는 23세에 하버드대학교의 수학과 교수가 되었습니다. 보통 23세 청년이라면 대학을 다니거나 사회 초년생일 텐데, 대학 교수가 되다니, 대단하지요? 이후 사이먼스는 중국의 수학자 천싱선(陳省身,

Chen Xingshen)과 함께 '천−사이먼스 이론'을 발표하여 미분기하학과 이론물리학에 큰 기여를 했습니다.

• 제임스 사이먼스 •

그는 수학 분야에서 뛰어난 성과를 거둔 다음, 르네상스 테크놀로지라는 헤지펀드 투자 회사를 세웠습니다. 헤지펀드 투자 회사는 주식, 채권, 부동산 등 여러 가지 금융 상품에 돈을 투자하여 이익을 거두는 기업입니다. 이러한 투자 회사에서 일하는 사람들은 당연히 경제와 금융 관련 전문가겠지요?

그런데 제임스 사이먼스는 수학자, 통계학자 등을 채용해 회사를 운영했습니다. 그는 각종 수학 이론을 활용해 금융 상품에 대한 수학적 모델을 세우고, 이를 토대로 투자하여 엄청난 수익을 거두었습니다. 수학적 지식을 활용해 주식 시장의 변화 속에서 숨겨진 규칙성을 찾아내고, 주식의 가격을 예측해 큰 수익을 거두었던 것입니다.

사이먼스 회장은 금융 시장에서 수학자들의 위상이 점점 높아지고 있는 이유를 설명했습니다. 그에 따르면, 수학을 통해 기업의 인수합병과 같은 상황이 주가와 금융 상품에 어떤 영향을 미치는지 분석하고 평가할 수 있습니다. 이를 방정식으로 만들고 시뮬레이션을 돌려보면, 여러 가지 상황

주가는 금리, 물가, 원자재 가격, 통화량, 환율 등의
영향을 받아 끊임없이 변화합니다.
수학은 불확실한 주식 시장을 예측하는 데 유용합니다.

을 예측할 수 있다고 합니다.

사이먼스는 이런 이유로 경제와 금융 전공자가 아닌 수학, 통계학, 물리학 전공자를 채용합니다. 한 인터뷰에서 그는 독특한 채용 방식을 고집하는 이유를 설명한 적이 있습니다.

"경제와 금융 전공자를 뽑아서 그들에게 필요한 수학 지식을 가르치는 것보다, 수학 전공자를 뽑아서 경제와 금융 지식을 가르치는 것이 훨씬 빠르고 효과적이기 때문입니다."

월스트리트에서 활동하는 1,000여 명의 수학자들

금융 시장은 점점 더 복잡해지고 있습니다. 금융 회사는 주식의 가격이 어떻게 변할지, 금리와 환율이 얼마나 오르고 내릴지 예측해야 하는데요,

---

제임스 사이먼스가 말하는 수학

2014년 서울세계수학자대회에 참석한 제임스 사이먼스는 "수학은 개인적인 금전 계획을 세우는 것부터 금융 시장에 투자하는 것까지 삶의 많은 부분에서 유용합니다."라고 말했습니다. 그는 "수학이 실용적이지 않다는 편견을 버리고, 실생활에서 다양하게 활용될 수 있음을 알아줬으면 합니다."라고 강조했습니다. 여러분도 열린 마음으로 수학을 바라보면 어떨까요?

다양한 변수를 고려하고 미래를 내다보려면 수학자의 도움이 필요합니다. 수학자는 수학적 지식을 활용해 주가와 금리의 변화를 예측하고, 금융 상품의 가격과 위험을 정교하게 계산할 수 있습니다.

실제로 월스트리트에서 활동하는 수학자는 1,000명이 넘습니다. 이처럼 수학적 지식을 활용해 금융 회사에 일하는 사람들을 가리켜 계량분석가(Quantitative analysts) 또는 퀀트(Quants)라고 부릅니다. 우리나라에서도 은행, 증권사, 보험사 등에서 많은 수학자들이 퀀트로 활동하고 있습니다.

금융 시장의 변화를 예측하는 수학적 모델도 다양하게 개발되고 있습니다. 1970년대 초반, 미국의 피셔 블랙(Fischer Black)과 마이런 숄즈(Myron Scholes), 로버트 머튼(Robert Merton)은 주식 옵션의 가격을 결정하는 '블랙-숄즈 방정식'이라는 수학적 모델을 발표했습니다. 그들은 이 업적으로 1997년 노벨경제학상을 수상했지요. 현재 금융 분야에서는 블랙-숄즈 외에도 다양한 수학적 모델들을 사용하고 있습니다.

뉴욕 월스트리스트는 세계 금융의 중심지입니다.
월스트리트에는 세계 최대 규모의 뉴욕증권거래소가 있어요.

재미있는 애니메이션,
수학으로 만든다고요?

애니메이션 속에 숨겨진 방정식

〈토이스토리〉, 〈인크레더블〉, 〈겨울왕국〉, 〈모아나〉의 공통점을 아시나요? 이 작품들은 모두 애니메이션입니다. 사람이 손으로 일일이 그려내던 애니메이션이 아니라, 컴퓨터 그래픽으로 만든 애니메이션입니다. 컴퓨터 그래픽 기술에는 수학이 활용되고 있답니다.

사람이 직접 손으로 그림을 그려서 애니메이션을 만들던 시기, 픽사(Pixar)라는 회사가 최초로 컴퓨터 그래픽을 이용한 애니메이션을 만들었습니다. 그 작품이 바로 〈토이스토리〉(1995)이지요.

픽사는 애플을 창업한 스티브 잡스(Steve Jobs)가 1986년 인수한 회사입니다. 스티브 잡스는 픽사를 인수한 뒤 많은 수학자를 고용했습니다. 영화 회사에서 수학자가 무슨 할 일이 있었을까요?

· 캘리포니아 에머리 빌에 있는 픽사의 스튜디오 ·

　　당시 스티브 잡스는 수학과 컴퓨터 그래픽 기술의 가능성을 본 것입니다. 우리가 컴퓨터나 휴대폰의 화면으로 접하는 그림, 사진들은 숫자로 표현할 수 있는 디지털 정보로 이루어져 있습니다. 평면 위의 점을 숫자 좌표로 나타낼 수 있고 직선이나 원 등을 방정식으로 표현할 수 있듯이, 그림과 사진의 복잡한 모양도 좌표평면의 숫자로 표현할 수 있습니다. 컴퓨터로 시각적 대상을 표현하는 컴퓨터 그래픽 기술은 수많은 방정식을 다루는 기술인 것입니다.

최초의 컴퓨터 그래픽 애니메이션 주인공은 왜 장난감이었을까요?

〈토이스토리〉에 등장하는 장난감과 사람이 진짜처럼 보이는 가장 큰 이유는 물체의 그림자나 표면에 반사되는 빛이 실제와 같이 정교하게 표현되기 때문입니다. 이러한 그림자나 빛이 반사되는 장면은 사람이 일일이 그리는 것이 아닙니다. 수학적 계산으로 물체의 그림자와 반사를 자동으로 표현하는 것이지요.

초등학교 때 선대칭, 점대칭을 배운 적이 있을 겁니다. 주어진 선, 점을 기준으로 한 점을 대칭해 반대편의 대칭점을 찾아내는 활동이지요. 이러한 아이디어가 빛의 반사나 그림자를 나타내는 데 쓰입니다. 수학적 이론으로 캐릭터의 움직임도 자연스럽게 표현할 수 있습니다. 고등학교 수학에서는 점의 평행이동, 직선의 평행이동, 대칭이동을 배우는데요, 이는 영화 속 캐릭터의 달리기, 점프 등 움직임을 표현하는 데 활용됩니다.

여기서 질문을 하나 할게요. 왜 최초의 컴퓨터 그래픽 애니메이션의 주인공은 사람이 아니라 장난감이었을까요? 특별한 이유가 있습니다. 컴퓨터 그래픽 기술로 사람의 피부와 머리카락을 표현하는 것이 어렵기 때문입니다. 피부를 한번 자세히 들여다보세요. 핏줄의 위치에 따라 피부색도 조금씩 달라 보이고, 표면에는 잔주름이 많이 있지요. 머리카락은 각각이 불규칙하게 움직이기 때문에, 머리카락 한 올 한 올의 움직임을 계산해서 표현하기가 매우 어렵습니다.

장난감(위 사진)은 표면이 균일하지만,
머리카락(아래 사진)은 굵기가 가늘고 움직임도 제각각이지요.
머리카락을 그래픽으로 표현하는 것이 훨씬 더 어렵습니다.

반면 장난감은 표면이 균일합니다. 빛의 반사를 나타내기 쉽지요. 그래서 1995년 최초로 제작되었던 〈토이스토리〉에는 사람이 등장하는 장면이 적고, 사람의 모습도 어색하게 보입니다. 잘 보면 장난감 중에 머리카락이 있는 인형이나 털 달린 인형이 없는데요, 머리카락과 털을 표현하기 어려웠기 때문입니다.

시간이 지나면서 수학자와 컴퓨터학자들의 노력으로 컴퓨터 그래픽 기술이 비약적으로 발전합니다. 2019년에 제작된 〈토이스토리4〉를 보면, 사람 캐릭터도 많이 등장하고 그 모습도 매우 자연스러워진 것을 확인할 수 있습니다. 또한 털 인형이 새로운 캐릭터로 추가되었어요. 사람의 머리카락과 털 인형의 움직임을 비교해 보면, 그동안 컴퓨터 그래픽 기술이 얼마나 발전했는지 알 수 있습니다.

영화 속 거울왕국을 건설한 수학자들

수학자들의 노력으로 그래픽 기술이 발달하면서 새로운 애니메이션을 만들 수 있게 되었습니다. 물이나 눈도 컴퓨터 그래픽으로 표현하기 어려운 요소입니다. 강이나 바다는 바라보는 위치와 햇빛의 방향, 빛의 양에 따라 그 색이 달라지고 매 순간 모양도 바뀌지요. 그만큼 컴퓨터로 그 모습을 계산해서 나타내기가 어렵습니다.

컴퓨터 그래픽 기술이 발전함에 따라, 물과 눈의 움직임도 자연스럽게 표현할 수 있게 되었어요. 바다를 배경으로 한 〈모아나〉(2016), 얼음과 눈으로 뒤덮인 겨울을 배경으로 한 〈겨울왕국〉(2013) 같은 애니메이션이 등장하게 된 거죠.

지금도 수학자들은 좀 더 많은 대상을 자연스럽게 표현하는 방법을 찾기 위해 노력하고 있습니다. 컴퓨터 그래픽 기술은 영화 산업뿐만 아니라 컴퓨터와 수학 등 학문의 발전에 중요한 역할을 하고 있습니다. 2019년에는 컴퓨터 과학계의 노벨상이라고 불리는 튜링상(Turing Award)의 수상자로 픽사의 컴퓨터 그래픽을 담당했던 두 명의 연구자가 선정되었습니다. 앞으로도 수학자들의 기술과 예술가들의 아이디어가 결합한다면, 더욱 재미있는 애니메이션과 영화가 등장할 것입니다.

수학으로 컴퓨터 그래픽 기술이 발전하면서,
섬세한 눈꽃 모양과 움직이는 파도를
애니메이션으로 표현할 수 있게 됐어요.

스포츠 경기 결과,
수학자는 다 알아요

경기가 끝나기 전 우승팀을 알아맞히는 방법

"끝날 때까지 끝난 게 아니다." 미국 프로야구 메이저리그의 유명한 선수이자 감독이었던 요기 베라(Yogi Berra)가 한 말입니다. 요기 베라가 이끄는 팀이 리그 최하위에 머물고 있을 때, 어떤 기자가 이번 시즌은 이미 끝난 것 아니냐고 물었습니다. 그때 요기 베라는 이렇게 답했고, 그 시즌에 요기 베라의 팀은 리그 우승을 차지했습니다.

요기 베라의 이 말은 '현재 상황이 좋지 않더라도 포기하지 않고 끝까지 노력하면 결과가 달라질 수 있다.'라는 뜻으로 널리 쓰입니다. 수학 공부를 하는 여러분에게도 해주고 싶은 말입니다. 처음에는 이해하기 어렵더라도, 차근차근 생각해 보면 깨닫는 순간이 분명히 올 겁니다.

그런데 앞으로는 스포츠 영역에서 "끝날 때까지 끝난 게 아니다."라는

· 요기 베라 ·

말을 하기가 어려울 것 같습니다. 수학을 이용해 스포츠의 승패를 예측하는 연구가 진행되고 있기 때문입니다.

한 연구팀은 농구에서 두 팀의 점수차가 증가하고 줄어드는 방식을 이해하고 결과를 예측코자 했습니다. 이를 위해, 어떤 물체가 멋대로 움직이는 현상을 설명하는 수학적 아이디어인 임의 보행(Random walk)의 개념을 사용했어요. 그 결과 농구에서 t초가 남았을 때, 패배하지 않을 점수(L점)를 지수함수와 삼각함수를 포함한 식으로 계산할 수 있음을 알아냈습니다.

이 공식에 따르면, 농구에서 8분 남았을 때 10점 앞서 있거나, 전반전을 마치고 18점 앞서 있으면 승리할 가능성이 90%라고 예측합니다. 연구자들은 10,000회 이상의 농구 게임을 분석한 결과, 자신들의 공식이 정확하며 95% 정도 일치한다고 발표했습니다. 끝날 때까지 기다리지 않아도 어느 팀이 이길지 알게 된 것입니다.

물론 이 공식이 100% 정확하게 일치하는 것은 아닙니다. 앞으로 더 많은 데이터를 수집하고 수학적 이론이 더욱 정교해진다면, 정확도는 더 높아질 수 있겠지요.

수학은 농구뿐만 아니라 각종 스포츠에서 널리 쓰이고 있습니다. 특히 야구에서 수학을 많이 활용하고 있습니다. 프로야구 구단에서는 경기의 승패를 결정하는 요소를 정확하게 찾아내고 싶어 하죠. 타율이 높은 타자와 방어율(평균자책점)이 낮은 투수가 승리에 얼마나 기여하는지 정확히 알 수 있다면 어떨까요? 그러한 능력을 갖춘 선수들을 적절히 모은다면 강한 팀이 될 것입니다.

실제로 미국 메이저리그에서 수학을 활용해 큰 성공을 거둔 오클랜드 애슬레틱스라는 팀이 있었고, 그 이야기는 영화 〈머니볼〉(2011)로 만들어지기까지 했습니다. '돈 없고 실력 없는 구단'이라는 오명을 뒤집어쓴 단장은 경제학을 전공한 직원을 영입해요. 그리고 기존 선수 선발 방식과는 달리, 데이터와 수학적 이론에 따라 선수들을 영입합니다.

그 결과, 메이저리그 최초로 20연승을 기록하며 서부지구 우승을 차지합니다. 이후 메이저리그의 프로야구 팀들은 야구를 더욱 잘 이해하기 위해, 10여 명의 분석가들을 고용하고 있습니다.

이제 프로야구에서 수학은 일상이 되었습니다. 어느 팀의 분석가는 "이제는 수학을 사용하지 않는 경우를 이야기하는 것이 사용하는 경우를 열거하는 것보다 어려워졌다."라고 말합니다.

메이저리그 경기장에서는 레이더와 카메라로 공과 선수들의 움직임을 추적해, 엄청난 양의 데이터를 만들어 냅니다. 야구 분석가들은 이러한

수학은 스포츠에서 경기의 승패 결과를 예측하고,
승리 확률을 높이는 요소는
무엇인지 분석하는 데 도움을 줍니다.

데이터를 수학적으로 모델링합니다. 득점을 높이고 실점을 낮출 수 있는 요소를 찾는 것이지요. 최근에는 우리나라에서도 스포츠 기자, 수학 교사, 프로야구팀의 데이터 분석가가 모여서 프로야구에서 활용되는 수학을 설명하는 책을 출판했습니다.

수학은 프로야구의 승패뿐만 아니라 프로야구의 게임 일정을 결정하는 데에도 쓰입니다. 우리나라 프로야구의 경우, 10개의 팀이 6개월 동안 각각 144경기씩 총 720경기를 합니다. 각 팀은 동일한 수의 홈 경기를 해야 하며, 다른 지역으로 이동하는 거리도 균등해야 합니다. 이러한 제약 조건을 만족하면서 일정을 빨리 짜기 위해 그래프 이론, 선형대수학 등을 활용합니다.

미래를 예측하는
수학

　많은 사람들이 미래를 예측하고 싶어 합니다. 미래를 내다볼 수 있다면 어떨까요? 나중에 생길 위험에 미리 대비할 수 있을 것입니다. 물론 완벽하게 예측하는 것은 신의 영역이지만, 수학을 활용하면 합리적인 수준에서 미래를 알아볼 수 있겠지요.

　수학으로 어떻게 미래를 알 수 있을까요? '코로나19' 바이러스를 예로

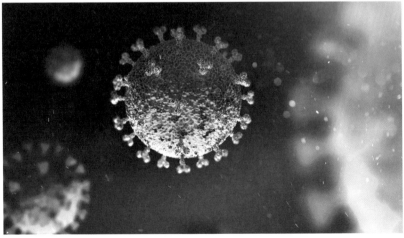

· 코로나19 바이러스 ·

들어볼게요. 2020년, 코로나19 바이러스의 확산으로 많은 사람들이 일상 생활을 마음껏 누리지 못하고 있습니다. 신문과 방송에서는 매일 확진자 수를 발표하고, 많은 사람들은 하루빨리 전염병의 유행이 끝나기를 기대합니다. 마스크를 쓰고 사회적 거리두기를 하면 확진자 수가 얼마나 감소할까요? 언제까지 이러한 불편을 감수해야 할까요?

수학은 코로나19 바이러스와 같은 전염병의 확산 패턴을 설명하고 예측하는 데 도움을 줍니다. 1927년 윌리엄 오길비 커맥(William Ogilvy Kermack)과 앤더슨 그레이 맥켄드릭(Anderson Gray McKendrick)은 인도에서 발병한 전염병 페스트의 자료를 토대로, 전염병 확산을 예측하는 S-I-R 수학적 모델을 개발했습니다. S-I-R 모델은 감염되지 않은 사람 수(S), 감염된 사람 수(I), 완치된 사람 수(R)를 각각 구분하고, 각 집단의 사람 수가 변하는 관계를 수식으로 나타낸 것입니다. 이 모델에 미분방정식을 적용해 계산하면, 전염병의 확산 패턴을 짐작할 수 있습니다.

S-I-R 모델에서는 바이러스의 특징에 따라 전염률과 완치율을 설정합니다. 예를 들어 사람들이 사회적 거리두기를 실천하고 마스크를 철저히 쓴다면, 전염률의 값이 낮아질 것입니다. 효과적인 치료제를 개발하거나 신속한 병원 치료가 이루어진다면 완치율의 값이 높아질 것입니다. 이 값을 계산해 감염자 수를 예측하고, 전염병 예방을 위한 각종 대책의 효과를 분석할 수 있습니다.

예를 들어 전염률 값을 계산해 며칠 이내에 감염자 수가 어느 정도 줄어드는지 예측할 수 있다면 어떨까요? 좀 힘들더라도 그 기간 동안에는 사

• 루이스 프라이 리처드슨 •

회적 거리두기를 지속할 필요가 있을 것입니다. 이처럼 수학은 미래를 예측해 올바른 의사결정을 내리는 데 도움을 줍니다.

한편, 우리는 매일 일기예보를 통해 내일 날씨와 주말 날씨를 살펴봅니다. 날씨를 예측할 때도 수학이 쓰입니다. 1922년 영국의 수학자이자 물리학자인 루이스 프라이 리처드슨(Lewis Fry Richardson)은 오늘의 바람, 온도, 습도 등 날씨와 관련된 요소를 이용해 방정식을 만들었어요. 그리고 이 방정식을 풀어서 내일의 날씨를 예측하는 방법을 개발했습니다.

컴퓨터가 없던 당시에는 수천 명의 작업자들이 내일의 날씨를 예측하기 위해 자신에게 할당된 방정식을 계산해야 했습니다. 이제는 슈퍼컴퓨터가 복잡한 계산을 해주는 까닭에, 더욱 빠르고 정확해진 일기예보를 만날 수 있습니다.

일기예보 속 방정식은 날씨의 변화를 알려줄 뿐만 아니라, 태풍과 같은 기상 재해에 대비할 수 있도록 도움을 줍니다. 방정식을 활용하면 태풍의 이동 속도와 도착 시간도 예측할 수 있습니다.

1961년 수학자이자 기상학자인 에드워드 노턴 로렌즈(Edward Norton Lorenz)는 대기 현상을 설명하기 위해 기온과 기압, 풍속 등을 나타내는 방정식을 만들어 컴퓨터 시뮬레이션을 했습니다. 그런데 이상한 결과가 나타났습니다. 작은 값의 변화에 따라 전혀 다른 그래프가 나올 수 있다는 사실

• 나비 효과는 작은 사건이나 미세한 변화가 예상치 못했던
엄청난 결과로 이어진다는 뜻입니다.
나비 효과는 사회, 경제 분야에서도 널리 쓰이는 표현입니다. •

을 발견한 것이지요. 기상 현상에서는 극히 작은 변수가 엄청나게 큰 변화를 가져올 수도 있다는 것을 알게 된 것입니다.

　이러한 현상은 '나비의 날갯짓처럼 작은 변화가 지구 반대편에 태풍을 일으킬 만큼 커다란 변화를 유발할 수 있다.'라는 점에서 '나비 효과'라고 부릅니다. 로렌즈는 이러한 현상을 연구해 카오스(혼돈) 이론의 토대를 마련했습니다. 카오스 이론은 복잡한 현상을 예측하는 데 쓰입니다.

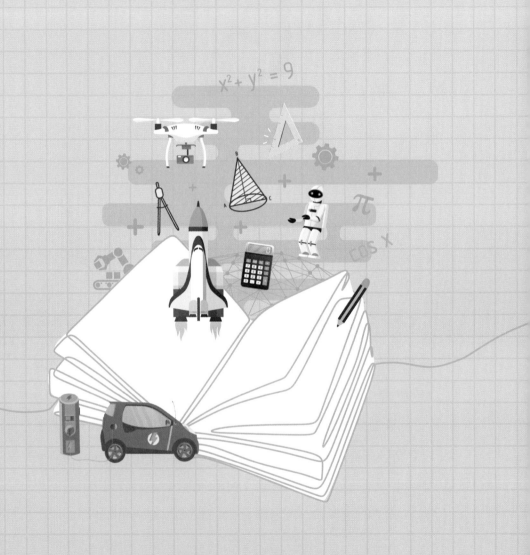

수학 공부를
어떻게 해야 하나요?

혹시 수학을 공부하면서 '나는 수학에 소질이 없어.'라고 의기소침한 적이 있나요? 만일 있다면 주눅 들지 않아도 된다고 말해 주고 싶습니다. 수학 문제를 틀리고 실수하는 것은 수학적 두뇌를 키우는 좋은 기회거든요. 어째서 문제를 틀리는 것이 공부를 잘하고 있다는 뜻일까요? 이번 장에서는 그 이유를 살펴볼게요.

수학을 공부하면 무슨 도움이 될까요? 미래 사회에서는 창의성, 비판적 사고, 의사소통, 협력하는 능력이 중요한데요, 수학은 이러한 역량을 기르는 데 도움을 줍니다. 네 가지 역량을 개발하면서 수학 실력까지 향상하는 방법에 관해 알아볼게요.

끊임없는 실패가
수학을 잘하는 비결이라고요?

수학자는 수학을 잘하니까 모든 문제를 막힘없이 척척 풀어낸다고 생각하나요? 수학자는 문제를 빨리 해결하는 사람이 아니라, 끊임없이 실패하면서도 다시 도전하는 사람입니다. 이처럼 도전적인 태도로 300년간 미해결 문제였던 '페르마의 마지막 정리'를 해결한 수학자, 앤드류 와일즈(Andrew Wiles)를 소개할게요.

1954년 영국에서 태어난 앤드류 와일즈는 열 살 때 도서관에서 페르마의 마지막 정리에 관한 책을 읽었습니다.

"n이 3 이상의 정수일 때, $x^n + y^n = z^n$을 만족하는 양의 정수 x, y, z는 존재하지 않는다."

300년이 지나도록 아무도 풀지 못했다는 이야기에 흥미를 느낀 와일즈는 '내가 해결해야겠다.'라고 다짐했습니다. 물론 바로 해결하기에는 그의 수학 지식이 너무 부족했죠. 그는 1980년 수학 박사 학위를 받고 프린스턴대학교의 수학과 교수가 되었지만, 페르마의 마지막 정리는 여전히 풀지 못했습니다.

와일즈가 30대였던 1986년, 페르마의 마지막 정리와 관련

· 페르마의 마지막 정리 ·

된 추측이 학계에 발표되었습니다. 와일즈는 다시 한번 도전하기로 마음먹었습니다. 기존에 진행하던 연구가 있었지만, 언제 끝날지 모르는 문제 풀이에 도전한 것입니다.

와일즈는 매주 토요일은 외부와 연락을 끊고 페르마의 마지막 정리에만 집중했다고 합니다. 그렇게 6년간 실패를 거듭하면서도 포기하지 않았고, 1993년 한 학회에서 자신의 증명을 발표합니다. 하지만 그 증명에 오류가 있음이 드러났어요. 와일즈는 그 오류를 고치기 위해 1년이 넘도록 노력했지만, 실패를 거듭했지요. 거의 포기하기 직전, 중요한 아이디어가 떠

올라 오류를 고칠 수 있었습니다. 마침내 1995년 수학 연보 특별판에 그 내용이 실립니다. 와일즈가 페르마의 마지막 정리를 처음 알게 된 열 살 때부터 따져보면 무려 31년의 시간이 걸린 것입니다.

오랜 세월 와일즈는 실패에 실패를 거듭했으나 결코 포기하지 않았고, 오히려 실패로부터 많은 것을 배웠습니다. 와일즈는 페르마의 마지막 정리를 증명한 순간을 이렇게 설명했습니다.

"불빛이 하나도 없는 어두운 방 안을 끊임없이 더듬거리며 살펴보았어요. 아무리 보려고 해도 보이지 않았지만, 포기하지 않고 더듬거리며 방 안을 돌아다녔어요. 어느 순간 스위치가 손에 잡혔고, 그것을 켜자 순식간에 방이 환해졌어요. 모든 것이 눈에 들어왔어요. 마침내 페르마의 마지막 정리를 해결한 것이지요."

수학자들이 실패를 거듭하면서도 어려운 문제에 도전하는 이유는 무엇일까요? 도전이야말로 수학을 배우고 이론을 발전시키는 가장 효과적인 방법이기 때문입니다. 수학의 역사가 이를 증명하고 있습니다.

최근에는 심리학 연구에서도 끊임없는 실패와 도전의 중요성을 강조하고 있습니다. 스탠퍼드대학교 심리학과 캐롤 드웩(Carol S. Dweck) 교수의 연구에 따르면, 인간의 마음은 '고정

• 앤드류 와일즈 •

형 마음가짐'과 '성장형 마음가짐'으로 구분할 수 있다고 합니다. 고정형 마음가짐을 가진 사람은 인간의 두뇌가 변하지 않는다고 생각합니다. 수학을 잘하는 사람은 수학에 적합한 두뇌를 가졌고, 자신이 수학을 못하는 것은 그런 두뇌를 갖지 못했기 때문이라고 믿는 것이지요. 반면, 성장형 마음가짐을 가진 사람은 노력에 따라 인간의 두뇌가 변할 수 있다고 생각합니다. 지금은 수학을 못하더라도 노력하면 잘할 수 있다고 믿습니다.

고정형 마음가짐과 성장형 마음가짐은 실수나 실패에 대처할 때 큰 차이를 보입니다. 고정형 마음가짐을 가진 사람들은 실수나 실패를 회피하려고 합니다. 어떤 일에 실수하거나 실패하는 것은 재능이 없는 것이고, 아무리 노력해도 성공할 수 없다며 포기하는 것입니다. 실수나 실패가 두려워 새로운 도전을 하지 않는 경우가 많습니다. 새로운 도전이 없으니, 더 이상 발전하기도 어렵습니다.

반면, 성장형 마음가짐을 가진 사람들은 실수나 실패를 성장의 기회로 여깁니다. 자신의 노력에 따라 능력이 달라질 수 있고, 실수나 실패도 극복할 수 있다고 생각하지요. 도전을 두려워하지 않고 끊임없이 시도하며 발전해 나갑니다. 유명한 음악가나 스포츠 선수, 뛰어난 학자 등 성공한 사람들은 대부분 성장형 마음가짐을 가지고 있습니다.

세계적인 축구선수 손흥민 선수는
하루에 1,000번 이상 슈팅 연습을 한다고 해요.
수학도 마찬가지입니다.
꾸준히 노력하면 수학 실력이 자라날 겁니다.

수학을 잘하는 사람이 따로 있을까요?

여러분은 어떤 마음가짐을 가지고 있나요? 고정형 마음가짐이든 성장형 마음가짐이든 상관없습니다. 여러분의 마음가짐은 스스로 바꿀 수 있으니까요. 안타깝게도 수학을 공부하는 사람들 중 대다수는 고정형 마음가짐을 갖는다고 합니다. 수학을 잘하는 사람은 따로 있고, 수학적 재능이 없다면 수학을 잘할 수 없다고 믿는 거죠.

과연 그럴까요? 그렇지 않습니다. 뇌과학 연구에 따르면, 인간의 두뇌는 계속해서 변하고 성장합니다. 우리가 근력 운동을 통해 팔 근육과 다리 근육을 키우는 것처럼, 두뇌도 노력에 따라 얼마든지 발달할 수 있습니다.

우리 두뇌를 성장시키는 방법은 무엇일까요? 두뇌는 실수와 실패를 통해 성장합니다. 두뇌가 성장한다는 것은 뉴런 세포들 사이의 연결이 많아지고 단단해지는 것을 의미합니다. 우리가 새로운 일을 하면서 실수나 실패를 겪을 때, 뉴런 세포들이 연결됩니다. 아기는 걸음마를 할 때 수도 없이 넘어집니다. 말을 배울 때도 엉뚱한 말을 하다가 점점 유창하게 이야기합니다. 자전거를 배울 때를 생각해 보세요. 우리는 셀 수 없이 넘어지면서 자전거 타는 법을 익혔습니다.

수학을 잘하는 방법도 마찬가지입니다. 그런데 문제가 하나 있어요. 아기가 넘어지거나 엉뚱한 말을 할 때는 칭찬과 격려가 쏟아지는 반면, 수학 문제를 틀리면 혼이 나는 경우가 많죠. 수학을 공부하면서 틀리고 실수하는 것은 당연한 일입니다. 오히려 두뇌가 성장하는 좋은 기회이니, 주눅

들거나 움츠러 들지 않아도 됩니다.

 수학적 마음가짐은 수학을 공부할 때 성장형 마음가짐을 가지는 것입니다. 수학 실력은 타고나는 것이 아니라, 노력에 따라 얼마든지 달라질 수 있다는 것을 기억하세요.

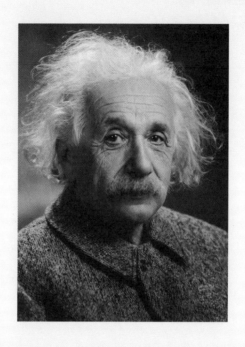

천재 과학자 아인슈타인은 이런 말을 한 적이 있습니다.
"나는 똑똑한 것이 아니라,
단지 문제를 더 오랫동안 연구할 뿐이다."

수학을 잘 배우기 위한 효과적인 연습법

수학을 좋아하게 된 친구의 이야기

대학에서 만난 친구의 이야기를 해볼게요. 그 친구는 중학생 때까지 수학을 어렵게 생각했고, 그다지 좋아하지 않았다고 합니다. 그러던 어느 날, 수학에 흥미를 느끼는 사건이 생깁니다. 고등학교 1학년 첫 번째 수학 시간이었어요. 수학 선생님이 칠판에 문제 하나를 쓰고 파격적인 제안을 했습니다. 다음 주 수학 시간까지 이 문제를 해결한 학생에게는 중간고사, 기말고사 수학 점수를 무조건 100점으로 해주겠다고 하신 겁니다.

당시 수학에 관심이 없었던 제 친구에게는 솔깃한 제안이었습니다. 일주일만 고생해서 이 문제를 풀면, 앞으로 한 학기 동안 수학 공부를 안 해도 되니까요. 그 친구는 일주일 동안 다른 과목은 제쳐두고 그 수학 문제 하나만 파고들었습니다. 온갖 방법을 시도했지만, 문제는 풀리지 않았습니다. 약 90%까지 문제를 해결했지만, 마지막 10%가 풀리지 않았다고 합니다.

일주일이 지난 후, 선생님은 문제 풀이를 해주셨습니다. 제 친구는 그날의 설명을 잊을 수 없다고 합니다. 선생님의 설명이 귀에 쏙쏙 박혔고, 말씀 하나하나가 생생한 의미로 전달되었다고 합니다. 선생님은 친구가 그동안 실패했던 이유를 정확하게 알려주었습니다. 끝내 해결되지 못했던 10% 부분이 해결되는 순간 친구는 놀라움과 기쁨을 느꼈고, 어른이 되어서도 그 기억이 난다고 합니다.

그 친구는 이때부터 수학의 즐거움을 깨닫게 되었고, 대학에서 수학을 전공하게 되었습니다. 문제를 해결하지 못하고 끝내 실패한 경험이 오히려 수학을 좋아하고 잘하는 계기가 된 거죠. 과연 이것이 제 친구에게만 해당되는 사례일까요?

수학을 배우는 순서를 바꿔볼까요?

우리가 수학을 배우는 방법을 떠올려 볼게요. 먼저 선생님께 새로운 수학 개념이나 공식에 대한 설명을 듣습니다. 다음으로 문제를 풀고, 배운 내용을 확인하고 연습합니다. 지극히 당연하고 자연스러운 방법이지만, 많은 학생들이 수학을 어려워합니다. 선생님이 설명을 잘하지 못해서일까요? 학생들이 노력하지 않아서일까요?

많은 연구자들이 그 이유를 찾고 있을 때, 한 연구자가 색다른 상상을 해봤습니다.

'우리가 수학을 가르치고 배우는 순서를 바꿔보는 것은 어떨까?'

이제까지는 설명을 들은 후 문제를 풀었는데, '문제 먼저 풀고 설명 듣기'로 순서를 바꿔본 것입니다. 아직 배우지 않은 문제를 선생님 도움 없이 스스로 풀어봅니다. 당연히 문제를 풀지 못하거나 틀릴 가능성이 크겠죠. 이렇게 여러 가지 방식으로 풀이를 시도한 후, 문제를 푸는 데 필요한 개념이나 공식에 대해 설명을 듣는 것입니다.

과연 이 방법이 효과적일까요? 실제로 동일한 수학 개념에 대해 '설명 들은 후 문제 풀기'와 '문제 먼저 풀고 나중에 설명 듣기'의 방식으로 가르쳐본 결과, '문제 먼저 풀고 나중에 설명 듣기'의 방식이 더욱 효과적인 것으로 나타났습니다.

언뜻 이해되지 않는 결과로 보입니다. 문제를 푸는 데 필요한 내용을 배우지 못했다면, 문제를 풀려고 시도해 봤자 틀리기만 할 텐데요(실제 실험에서도 대다수의 학생들은 정답을 찾지 못했습니다). 쓸데없는 시간을 허비하는 대신, 선생님 설명을 듣고 연습하는 것이 더 효과적일 것이라는 생각이 들죠.

그러나 연구 결과는 반대로 나타났습니다. 처음에는 문제를 풀지 못하고 실패만 겪었던 학생들이 시간이 지난 후, 오히려 수학을 잘하게 된 것이지요.

수업을 듣기 전, 잘 모르는 문제를 먼저 풀어보세요.
틀려도 괜찮아요. 선생님의 설명이 훨씬 잘 이해될 거예요.

연구자들은 이러한 현상을 가리켜 '생산적 실패'라고 말했습니다. 지금 당장은 문제를 풀지 못했고 여러 가지 시도가 모두 실패로 돌아갔지만, 나중에는 그러한 경험이 수학 실력으로 쌓인 것입니다.

반면, 선생님의 설명을 먼저 듣고 올바르게 문제를 해결한 학생들은 나중에 더 쉽게 잊었습니다. 수업 시간에 선생님의 설명을 들으면 이해한 것 같은데, 집에 가서 혼자 풀어보면 잘 안 되는 경험을 해봤을 겁니다. 지금 당장은 아는 것 같지만, 시간이 흐른 뒤 기억하지 못하는 상황을 가리켜 '비생산적 성공'이라고 부릅니다.

생산적 실패에 숨어 있는 비밀은 무엇일까요? 생산적 실패는 자신의 현재 상태를 정확하게 알 수 있는 기회입니다. 아직 배우지 않은 문제를 해결하기 위해 다양한 시도를 하면서, 학생들은 자신이 알고 있는 것과 모르는 것을 정확하게 파악하게 됩니다.

잘 알고 있다고 생각했는데, 알고 보니 부족했다는 것을 깨달으면 어떤 생각이 들까요? 깜짝 놀랄 것이고, 올바른 지식이 무엇인지 궁금해질 것입니다. 알고 있는 지식을 모두 떠올려보고 부족한 점을 정확히 알게 되었다면, 선생님의 설명이 훨씬 쉽게 이해될 것입니다. 앞서 이야기했던 제 친구가 일주일 동안 문제와 씨름하면서 깨달은 것은 바로 자신의 한계였습니다. 자신의 한계를 명확하게 알고 있는 상황에서, 선생님의 설명은 정말 효과적이었을 것입니다.

선생님의 설명을 들을 준비가 되지 않았다면, 제아무리 완벽한 설명이라도 큰 도움이 되지 않을 것입니다. '설명 들은 후 문제 풀기'가 효과적이지 않은 이유입니다.

그렇다면 수학 설명을 들을 준비는 어떻게 하는 걸까요? 수업을 듣기 전, 혼자서 새로운 문제를 풀어 보세요. 자신의 말과 생각으로 공부한 내용을 표현해 보세요. 비록 선생님의 말씀이나 교과서의 설명처럼 완벽하지는 못하더라도, 시행착오는 가장 효과적인 수학 학습법입니다.

온라인 수학 강의, 똑똑하게 듣는 요령

EBS 교육방송 또는 온라인 동영상 수업으로 수학을 공부하는 친구들이 많을 텐데요, 수업이 끝난 후 혼자서는 잘 안 풀렸던 경험이 있을 겁니다. 동영상 수업을 영화 보듯이 쭉 이어서 보는 것은 학습 효과가 크지 않기 때문이에요.

이제는 이렇게 해보세요. 선생님이 문제를 제시하거나 질문을 던지면 잠시 재생을 멈추세요. 혼자 풀어보고 질문의 답도 스스로 생각해 보세요. 충분히 생각한 뒤, 다시 동영상을 재생하면서 선생님의 풀이와 자신의 풀이를 비교해 보세요.

여러분과 선생님의 풀이가 같다면, 다시 한번 선생님의 설명을 들으면서 복습을 할 수 있습니다. 만약 선생님과 풀이가 다르다면, 잘못 알고 있는 부분이 무엇인지 명확히 알 수 있습니다.

수학은 생각을 연결해 상식을 확장하는 과정이에요.
처음에는 잘 이해되지 않더라도, 끊임없이 생각하고
문제에 도전하면 수학적 사고를 기를 수 있습니다.

먼저 문제를 풀어볼까요?

제 친구를 수학의 세계로 이끈 문제가 무엇인지 궁금하지요? 아쉽게도 친구가 그 문제를 기억하지 못한다고 하네요. 대신 여러분에게 다른 문제를 소개할게요.

문제 풀이에 앞서 저는 아무것도 설명하지 않겠습니다. 여러분이 알고 있는 지식을 총동원해서 해결해 보세요. 인터넷 검색을 하거나 다른 사람에게 물어보지 말고 스스로 답을 찾아보아야 합니다. 설명은 다음 장에 있으니 아직 페이지를 넘기지 마세요.

A4 종이를 둥글게 말아서 만들 수 있는 원기둥은 두 종류입니다. A4 종이의 짧은 변을 둥글게 말아서 만든 A원기둥과 A4 종이의 긴 변을 둥글게 말아서 만든 B원기둥이지요. 두 원기둥에 무언가를 담는다고 할 때, 어느 것에 더 많이 담을 수 있을까요? 아니면 똑같을까요?

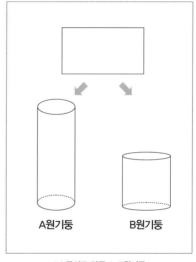

• A4 종이로 만든 A, B원기둥 •

정답은 B원기둥에 더 많이 담을 수 있습니다. 여러분의 예상이 맞았나요?

종이의 가로 세로 비율이 다르므로 A원기둥은 높이가 크고, B원기둥은 밑면의 반지름이 큽니다. 원기둥을 만든 종이의 가로 세로의 비율이 1:2라고 가정할게요. 그렇다면 A원기둥의 높이는 B원기둥의 높이의 2배입니다. 대신 B원기둥의 밑면의 반지름은 A원기둥의 밑면의 반지름의 2배입니다. 이러한 성질을 이용해 두 원기둥의 부피를 구해 볼게요. 원기둥의 부피는 (밑면의 넓이)×(높이)입니다.

부피를 계산한 결과, B원기둥의 부피가 A원기둥보다 2배 더 큽니다. 밑면의 넓이를 구할 때는 반지름을 두 번 곱하기 때문에, 반지름이 클수록 부피가 많이 증가한 것입니다.

부피의 차이는 종이의 가로 세로 비율에 따라 달라집니다. 예를 들어 가로 세로의 비율이 1:3이면 B원기둥의 부피는 3배 더 큽니다. A4 종이의 가로 세로의 비

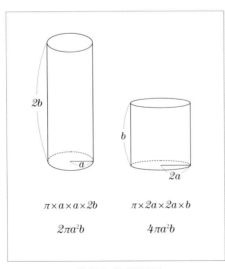

$$\pi \times a \times a \times 2b \qquad \pi \times 2a \times 2a \times b$$
$$2\pi a^2 b \qquad\qquad 4\pi a^2 b$$

• A원기둥와 B원기둥의 부피 •

율이 $1:\sqrt{2}$이므로, A4 종이로 만든 원기둥이라면 B원기둥의 부피는 A원기둥보다 $\sqrt{2}$배 큽니다. 만약 가로 세로 비율이 1:1인 정사각형 종이라면 동일한 원기둥이 만들어질 것이고, 부피도 똑같을 것입니다.

외우지 말고
차근차근 연결해요

상식과 연결해서 이해하기

지금까지 많은 학생들을 만나보면서 수학을 좋아하는 학생들과 싫어하는 학생들의 특징을 발견했습니다. 수학을 좋아하는 학생들에게 그 이유를 물었더니 많은 학생들이 비슷한 답을 했습니다. "수학은 외울 것이 없어서 좋아요." 반면 수학을 싫어하는 학생들에게 그 이유를 물었더니 이렇게 답했습니다. "수학은 외울 것이 많아서 싫어요."

수학을 좋아하는 이유와 싫어하는 이유가 서로 반대입니다. 똑같은 수학인데 한쪽에선 외울 것이 없다고 하고, 다른 쪽에선 외울 것이 많다고 합니다. 누구의 말이 맞는 걸까요?

1장에서 수학은 상식의 확장이라고 말했지요. 수학 교과서를 처음 펼치면 배울 내용이 너무도 많아 보이지만, 자세히 살펴보면 여러분이 이미 알고 있는 상식과 연결되는 부분이 있을 겁니다. 이러한 점을 깨닫는다면, 수학 공부는 상식을 자연스레 확장하는 기회가 될 수 있습니다. 수학을 좋아하는 학생들은 수학을 공부할 때 무턱대고 외우지 않습니다. 여러분이 알고 있는 것부터 차근차근 생각해 보세요.

매일 하나씩 질문을 던져보기

이미 알고 있는 상식과 수학을 어떻게 연결할 수 있을까요? 가장 좋은 방법은 질문하는 것입니다. 다음 시각을 읽어보세요. '6시 6분'. 읽으면서 뭔가 이상한 점을 찾았나요? '여섯시 육분'이라고 읽습니다. 왜 같은 6인데 '여섯'과 '육'으로 다르게 읽는 걸까요?

저는 이 질문을 대학원 시절 일본인 유학생 친구에게 처음 들었습니다. 우리말을 배우고 있었던 그 친구는 한국의 시간 읽는 법이 이해되지 않는다며 제게 질문했습니다. 너무나 익숙한 나머지 이상하다고 의심하지 못했던 내용이었기에, 제대로 된 답을 하지 못했습니다. 그 뒤로 여러 가지 추측을 해보았습니다.

처음에는 발음을 편하게 하기 위한 것이라고 추측했습니다. 시간은 12시까지 있고 분은 60분까지 있으므로, 발음을 편하게 하려고 분은 '일, 이, 삼……'의 방식으로 읽는 것이라고 생각했어요.

그러던 어느 날, 정육점에서 고기를 사면서 무게를 나타내는 3근을 '삼

많은 사람들이 이 시계를 보고 '열시 십분'이라고 말할 것입니다.
똑같은 10인데 열, 십으로 다르게 읽는 이유는 무엇일까요?

근'이 아니라 '세 근'이라고 발음하는 것을 깨달았습니다. 반면 무게 3kg은 '삼 킬로그램'으로 읽는 것이 자연스럽지요. 이를 통해 다른 추측을 해 보았습니다. 전통적인 단위를 쓸 때는 '하나, 둘, 셋'이라고 읽고, 외국어이거나 비교적 최근에 만들어진 단위를 쓸 때는 '일, 이, 삼'으로 읽는다고 생각했지요. 그렇다면 '시'는 전통적인 단위, '분'은 최근의 단위라고 추측할 수도 있을 겁니다.

연속량과 이산량의 차이에 따른 구분이라고 생각할 수도 있습니다. 동물이나 자동차의 개수처럼 1, 2, 3과 같이 낱개로 셀 수 있는 것을 이산량이라고 합니다. 자동차 5.2대라는 말은 이상하죠. 몸무게나 키는 43.2kg, 143.2cm처럼 소수점 아래로 얼마든지 나타낼 수 있어요. 이를 연속량이라고 합니다.

이제 5.2를 읽어보세요. '오점이'라고 읽지 '다섯점둘'이라고 읽지 않습니다. 이렇게 소수점 아래로 계속해서 수를 나타낼 수 있는 상황에서는

연속량과 이산량, 이렇게 달라요

낱개로 셀 수 있는 것은 이산량, 소수점 단위로 나타낼 수 있는 것은 연속량이라고 합니다. 사람의 수는 이산량입니다. 사람 수를 셀 때는 2명 다음에 바로 3명이죠. 사람 2.5명은 불가능합니다. 하지만 길이와 무게는 소수점으로 표현할 수 있는 연속량입니다. 예를 들어 12cm와 13cm 사이에는 12.3cm도 존재하고, 12.35cm도 가능합니다.

'일, 이, 삼'이라고 읽습니다. 이러한 관점에서 우리는 '시'를 이산량에 가깝다고 생각한 것 같습니다. 즉, 더 이상 잘게 쪼갤 수 없는 최소 단위라고 생각한 것이 아닐까 하고 추측합니다. 물론 다른 관점에서 보면, 시간은 얼마든지 잘게 쪼갤 수 있는 연속량입니다.

지금까지 여러 가지 추측을 해보았습니다. 정확한 이유는 아직도 모릅니다. 오히려 더 많은 의문이 생겼습니다. 그러나 간단한 질문으로 시작된 탐구 과정은 지식을 넓혀 주었습니다. 발음의 편리성, 전통 단위와 현대 단위의 비교, 연속량과 이산량까지 예상치 못했던 다양한 지식들이 서로 연결된 것입니다.

여러분이 스스로 질문을 던지고 그것을 해결하는 과정에서 얻은 지식은 온전히 여러분의 것이 됩니다. 교과서에 제시된 질문, 선생님이 던진 질문이 아니라 여러분 스스로 궁금해서 질문을 던질 때, 수학을 좀 더 쉽게 이해할 수 있지요. 수학적 개념은 항상 질문에서 시작되었습니다. 여러분 스스로 그런 질문을 떠올릴 수 있다면, 그 질문의 결과인 수학적 개념은 이미 이해한 것이나 다름없습니다.

매일 하나씩 질문을 던져보세요. 수학과 관련된 질문이 아니어도 괜찮고, 답하기 쉽지 않은 질문도 괜찮습니다. 질문이 또 다른 질문으로 이어지면 더욱 좋습니다. 수학은 생각을 연결하는 과정 자체입니다.

제가 최근에 품었던 질문입니다. '직사각형 모양의 젠가 조각을 정확하게 이등분하는 방법은 무엇일까?' 젠가 조각을 반씩 이어붙여서 퍼즐 조각을 만들고 있었는데, 정확하게 이등분하는 지점을 찾아야 했기 때문에 이런 질문을 떠올렸어요.

첫 번째 방법은 자를 사용하는 것입니다. 젠가 조각이 6cm라면, 3cm 지점이 이등분 지점이죠. 다음으로 '자가 없다면 어떻게 알 수 있을까?'라는 궁금증이 생겼습니다. 두 번째 방법으로는 종이를 사용하는 것을 떠올렸어요. 종이를 젠가 조각과 같은 크기로 자른 뒤 그 종이를 반으로 접는다면, 이등분 지점을 찾을 수 있으니까요.

만약 종이도 없다면 어떻게 찾을 수 있을까요? 세 번째 질문에 답하기 위해서는 많은 시간이 필요했습니다. 여러분이 직접 찾아보세요. 힌트는 직사각형의 성질입니다. 첫 질문에 대한 답이 두 번째 질문으로 이어지고, 다시 세 번째 질문으로 이어지는 과정을 반복하다 보면, 수학적 이해가 깊어질 수 있습니다.

수학으로 정답 찾아보기

젠가 조각은 직사각형 모양입니다. 직사각형은 네 각이 모두 직각인 사

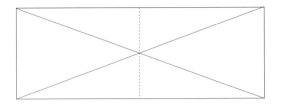

• 직사각형에서 두 대각선은 길이가 같고, 서로를 이등분합니다. •

각형입니다. 직사각형에서 대각선을 그어보세요. 두 대각선의 길이는 서로 같습니다. 두 대각선이 만나는 교점을 중심으로 대각선이 이등분됩니다. 이는 '대각선으로 만들어지는 삼각형이 서로 합동'이라는 성질을 통해 증명할 수 있습니다.

두 대각선의 교점을 중심으로 직사각형을 이등분할 수 있습니다. 자와 종이가 없어도, 젠가 조각 위에 대각선만 두 개 그리면 젠가 조각을 이등분하는 지점을 찾을 수 있습니다.

여기서 생각을 확장해 볼까요? 일상에서 사각형의 성질을 활용한 사례는 다양하게 찾아볼 수 있습니다. 다음 페이지의 [그림 1]은 지면과 평행을 유지하면서 위 아래로 움직이는 사다리 장치입니다. [그림 2]는 벽과 평행을 이루면서 왼쪽, 오른쪽으로만 움직이는 거울입니다. 둘 다 어느 한쪽은 고정되어서 평행을 유지하지만, 다른 방향으로는 자유롭게 움직입니다.

이러한 움직임이 가능한 이유는 무엇일까요? 사다리와 거울을 유지하는 지지대가 마름모를 이루기 때문이죠. 마름모는 네 변의 길이가 같은 사

• [그림 1] 위 아래로 움직이는 사다리 장치 •

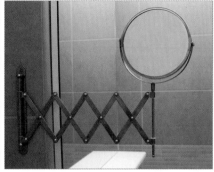

• [그림 2] 좌우로 움직이는 거울 •

각형입니다. 마름모의 두 대각선은 서로를 수직 이등분합니다. [그림 1], [그림 2]에서 마름모를 찾아 대각선을 그려보면, 서로 수직으로 만나는 것을 확인할 수 있습니다. 따라서 사다리는 지면과 평행하게, 거울은 벽과 평행하게 움직일 수 있습니다.

주변의 사물을 보고 간단한 질문을 던져보세요.
일상생활 속에 숨어 있는
다양한 수학적 규칙을 발견할 수 있습니다.

미래 사회의 핵심 역량,
수학으로 길러요

4C 역량과 수학의 상관관계

경제협력개발기구(OECD)는 세계 경제의 안정적인 발전을 위해, 주요 선진국을 포함한 37개 국가들이 모여서 만든 단체입니다. OECD는 '미래 사회를 살아갈 학생들은 무엇을 배워야 하는가?'라는 질문에 대한 답변을 내놓은 적이 있는데요. 바로 창의성(Creativity), 비판적 사고(Critical Thinking), 의사소통(Communication), 협력(Collaboration)의 네 가지 역량(앞 글자를 모아 '4C'라고 합니다)을 제안했습니다.

이러한 4C 역량은 우리가 갖춰야 할 능력이며, 앞으로는 더욱 중요해질 것입니다. 수학을 공부하면 이러한 역량을 개발하는 데 도움이 됩니다. 4C 역량을 기르는 과정에서 수학을 공부할 수도 있습니다. 과연 수학과 미래 사회에서 요구하는 역량은 어떤 관련이 있는지 살펴볼게요.

스웨덴의 수도는 어디인가요? 남아프리카공화국에서 사용하는 화폐는 무엇인가요? 지난 동계올림픽 개최지는 어디인가요? 이러한 질문의 답을 모를 때, 여러분은 무엇을 하나요? 인터넷에 검색하면 바로 답을 알 수 있을 겁니다. 간단한 문제뿐만 아니라 이차방정식, 삼각함수 등 복잡한 수학 문제도 바로 답을 찾을 수 있는 시대가 되었습니다. 이제는 정답을 암기할 필요가 없습니다. 그렇다면 우리는 무엇을 배워야 할까요?

인공지능이 모든 것을 대답해 주고 있으니, 어쩌면 '인공지능이 답할 수 없는 것'을 배워야 한다고 생각할지도 모르겠네요. 하지만 그것보다 더 중요한 게 있습니다. 우리가 인터넷에서 무언가를 검색하고 인공지능에게 어떤 일을 해 달라고 할 때, 그 모든 활동의 본질이 무엇인지 생각해 보셨나요?

바로 '질문하는 것'입니다. 제아무리 훌륭한 검색엔진과 성능 좋은 인공지능이 있더라도, 그것을 사용하지 않으면 쓸모가 없습니다. 알고 싶은 것과 궁금한 것이 없어서 질문하지 않는 사람에게는 인공지능이 필요하지 않습니다. 미래 사회에 인간에게 필요한 것은 '질문하는 능력'입니다.

과거에는 주어진 질문에 빨리 대답하는 사람이 필요했다면, 이제는 아직 아무도 물어보지 않은 질문을 던지는 사람이 필요합니다. 그런 질문에서 새로운 아이디어와 혁신적인 제품이 탄생하기 때문입니다.

창의적인 질문으로 새로운 분야를 개척한 일론 머스크(Elon Musk)의 이

어떤 것을 보고 '이건 무엇일까?', '왜 그럴까?'라고 질문을 던져보세요.
세상을 바꾸는 아이디어는 질문으로부터 탄생합니다.

• 일론 머스크가 설립한 민간 우주 개발 기업 스페이스X •

야기를 살펴볼게요. 일론 머스크는 전기 자동차와 자율주행 자동차를 만드는 세계적인 기업 테슬라(Tesla)의 CEO입니다. 그가 스페이스X(SpaceX)라는 민간 우주 기업을 창업할 때의 이야기입니다. 사람들은 "우주 산업에는 천문학적인 비용이 들어가기 때문에 민간 기업은 감당할 수 없다."라며 창업을 반대했습니다.

이러한 반대에 부딪힌 일론 머스크는 스스로 질문해 보았습니다. '우주 산업에 왜 그렇게 돈이 많이 드는 거지?' 그는 많은 비용이 어디서 발생하는지 분석해 보았습니다. 한 번만 쓰고 버려지는 로켓이 문제였습니다. 수천억 원이 투입되는 로켓을 재활용할 수 있다면, 미국 항공우주국(NASA)이 쓰는 비용의 10%로 우주 산업을 이끌 수 있다고 판단했습니다.

일론 머스크는 로켓을 재활용하여 우주 여행에 드는 비용을 획기적으로 줄였습니다. 이제 일론 머스크는 화성에 인류가 살 수 있는 도시를 만들 계획을 하고 있습니다. 그 계획도 분명 남들이 하지 않았던 질문에서 시작되었을 것입니다.

수학을 통해 창의적으로 질문하는 역량을 키울 수 있을까요? 수학을 공부하면서 이런 생각을 해본 적이 있을 겁니다. '도대체 누가 이렇게 많은 수학 문제를 만들어낸 것일까?', '수학 문제는 왜 이렇게 많은 걸까?'

그 이유는 문제를 만드는 것이 쉽기 때문이에요. 수학은 문제, 즉 질문을 만드는 데 적합한 과목입니다. 그렇게 만든 문제의 답도 바로 확인하고 검증할 수 있습니다. 수학은 상상력을 발휘해 다양한 문제를 자유롭게 만들어낼 수 있고, 그 결과를 탐구하는 데에도 제약이 없습니다. 인간의 창의력을 무한히 발휘할 수 있습니다. 그래서 수학자들 사이에서는 '수학의 본질은 자유에 있다.'라는 말이 널리 공감을 얻고 있습니다.

비슷한 유형의 수학 문제 10개를 풀기보다는 한 문제를 여러 가지 방법으로 풀어보세요. 주어진 문제의 조건을 스스로 바꿔보면서, 그 문제로부터 새로운 문제를 10개 만들어내는 것이 훨씬 효과적인 수학 공부법입니다. 새로운 문제를 여러 개 만들려면 어떻게 해야 할까요? 끊임없이 궁금해하고, 선생님께 물어보고 싶은 내용을 문제로 만들면 됩니다. 수학 문제를 내는 연습은 '질문하는 힘'을 기르는 데 도움이 됩니다.

　가족이나 친구에게 전화를 걸 때, 우리는 휴대폰에 저장된 전화번호를 누릅니다. 사람들의 전화번호를 일일이 외울 필요가 없지요. 가고 싶은 장소가 있을 때, 목적지까지 가는 길을 외우지 않습니다. 내비게이션이 있으니까요. 기술이 발전하면서 무언가를 외우거나 판단할 일이 줄어들고 있습니다. 이제는 점점 인터넷이 시키는 대로, 인공지능이 알려주는 대로 하는 일이 늘어날 것입니다.

　빅데이터를 활용한 기술은 우리 대신 판단을 내려줍니다. 우리는 유튜브 동영상을 보면서 광고를 시청하는데요, 그 광고는 우리의 취향에 맞게 선별되어 있습니다. 다만 우리가 모르고 있을 뿐입니다. 돈이 필요한 사람에게 대출 광고가 많이 노출되고, 게임을 좋아하는 사람에게는 게임 광고가 계속 노출됩니다.

　인터넷에서 신발을 검색했는데, 그 뒤로 모든 광고창에 신발 광고만 뜨는 경험을 한 적이 있나요? 그런 광고는 신발을 사고 싶게 만들죠. 이처럼 우리가 무언가를 생각했는데 그게 정말 내 생각인지, 아니면 외부 환경에서 의도적으로 개입한 것인지 판단하기가 점점 어려워지고 있습니다. 앞으로 우리는 점점 더 복잡한 기술과 알고리즘이 도출하는 정보를 접하게 될 것입니다.

　이때 우리에게 필요한 역량은 비판적 사고입니다. 인터넷에서 제공되는 수많은 정보와 인공지능이 알려주는 추천이나 제안을 그대로 받아들이는 대신, 비판적으로 바라보고 올바르게 판단할 수 있어야 하죠. 누군가의 의도에 따라 왜곡된 지식이나 정보에 속지 않으려면 많은 노력이 필요합니다. 이제는 지식과 정보를 많이 수용하는 능력보다는, 내게 필요한 정보를 선별하고 그것의 진위를 판단하는 비판적 사고력이 더욱 중요합니다.

앞서 '수학의 본질은 자유에 있다.'라고 언급했지요. 추측하고 상상하는 것은 자유지만, 그 생각이 맞는지 올바르게 판별해야 합니다. 수학은 합리적 이성과 논리에 따라 참과 거짓을 분별하도록 도와줍니다.

수학은 다양성을 존중하되 참과 거짓을 명확하게 알려줍니다. 수학적 주장을 이야기한 사람의 권위는 참과 거짓에 영향을 줄 수 없습니다. 결과가 증명되기까지 누구나 다양한 주장과 반론을 할 수 있습니다. 수학은 여러 가지 접근 과정을 허용하고 더 나은 풀이와 증명 방법을 찾아내는 과정에서 발전합니다.

수학의 가장 큰 특징은 답이 명확하다는 것인데요, 그에 못지않게 중요한 특징은 '답을 찾는 방법이 다양할 수 있다.'라는 것입니다. 예를 들면

비판적 사고란 무엇일까요? ─────────

어떤 상황에 처했을 때 합리적, 논리적으로 분석하고 판단하는 것입니다. 감정이나 편견에 사로잡히거나 권위에 따르지 않고, 객관적인 증거와 인과관계에 따라 판단하고 행동하는 과정을 말합니다.

비판적 사고력을 기르면 무엇이 옳고 그른지
논리적으로 분별할 수 있어요.

피타고라스 정리에 대한 증명은 수백 가지가 넘습니다.

여기서 궁금한 점이 생깁니다. 답을 찾았으면 그만이지, 왜 수백 가지나 증명을 하고 있을까요? 수학에서 증명 자체가 수학을 공부하는 과정이기 때문입니다. 다양한 증명 과정에서 수학적 개념에 대한 이해가 깊어질 수 있고, 여러 수학적 개념 간의 관계도 명확하게 밝혀질 수 있기 때문입니다.

수학은 다양한 생각을 허용하고, 이러한 생각들을 비판적으로 검토할 수 있는 최적의 과목입니다. 수학에서 답을 찾기 위해 여러 가지 방법을 시도하고, 참과 거짓을 논리적으로 증명하는 과정은 비판적 사고력을 키우는 것과 닮았습니다.

여러분이 일상에서 보고 듣는 이야기들이 과연 참인지, 거짓인지 깊이 생각해 보세요. 만약 참이거나 거짓이라면 이를 뒷받침하는 근거는 무엇인지 다양하게 떠올려 보세요. 이것이 곧 비판적 사고력입니다.

의사소통: 내 생각을 설명하는 역량, 수학으로 길러요

실리콘밸리에 있는 어떤 기업의 CEO는 새로운 사업 아이템이 어느 정도 완성되면, 그 내용을 회사의 미화원에게 설명한다고 합니다. 왜 그럴까요? 해당 사업에 대한 배경 지식이 전혀 없는 사람에게 설명했을 때, 그 사람이 이해할 수 있다면 성공할 가능성이 높기 때문입니다. 복잡한 이론, 최첨단 기술로 제품을 만들었다 하더라도, 고객들이 제대로 이해하기 어렵다면 시장에서 선택받지 못할 수도 있습니다. 따라서 시장에서 선택받으려면 자신의 생각을 다른 사람이 이해할 수 있도록 효과적으로 설명하는 능력이 중요합니다.

세상은 점점 빠르게 변화하고 있고, 각각의 분야는 점점 다양해지고 전문화되고 있습니다. 수학자들도 자신의 전공 분야가 아니면 다른 수학자의 이야기를 알아듣기 어렵다고 합니다. 미래 사회에서 발생하는 문제는 한 분야의 전문가가 혼자서 해결할 수 없는 경우가 많습니다. 따라서 각 분야의 전문가들이 서로 소통하고 협력하는 것이 중요합니다.

이때 필요한 능력은 '자신이 알고 있는 내용을 타인이 이해할 수 있도록 명확하게 설명하는 역량'입니다. 단순히 말하는 방법을 연습한다고 설명을 잘할 수 있는 것은 아닙니다. 다른 사람들이 제대로 이해하도록 표현하는 것이 중요합니다.

• 아이작 뉴턴 •

수학은 자신이 알고 있는 내용을 명확하게 이야기하는 데 도움을 줍니다. 수학은 모든 것을 숫자로 이야기하기 때문입니다. 예를 들어 '오늘 날씨가 덥다.'라는 표현보다는 '오늘 낮 기온이 33도다.'라고 숫자로 표현하는 것이 더 구체적이지요.

또한 수학은 전 세계 사람들이 모두 사용합니다. 수학을 활용하면 인종과 국경에 관계없이 소통할 수 있습니다. 언어가 다르더라도 공통의 수식이나 수학 기호를 사용하면 서로의 생각을 효과적으로 이해할 수 있습니다.

수학이 효과적인 언어 수단인 만큼, 과학 분야에서도 수학을 기본 언어로 활용합니다. 예를 들어 뉴턴은 '물체가 지닌 질량(m)과 가속도(a)를 알면 해당 물체에 작용하는 힘(F)을 파악할 수 있다.'라는 사실을 통찰하고, 이를 F=ma라는 '운동의 제2법칙'으로 표현했습니다. 뉴턴은 이 법칙을 근거로 미적분을 활용해 만유인력, 중력 등 수많은 물리적 법칙을 수학적으로 나타냈습니다. 이처럼 수학은 자신의 생각을 명확하게 표현하고, 지식을 발전시키는 데 도움을 주는 의사소통 수단입니다.

수학을 활용하면 효과적으로 의사소통을 할 수 있는 것처럼, 수학을 배울 때도 친구들과 소통하면 학습 효과를 높일 수 있습니다. 수학 시간에 토의, 토론 학습을 해본 적이 있나요? 도대체 수학 문제를 푸는 데 왜 서로 이야기를 나누어야 할까요? 수학적 의사소통 능력을 키울 수 있기 때문입니다.

인간의 생각은 자기 자신과의 대화라고 볼 수 있어요. 이런 관점에서 보면, 타인과의 의사소통은 곧 생각하는 과정입니다. 따라서 수학을 공부할 때 친구나 선생님과 궁금한 점을 서로 이야기하면, 더 많은 생각을 나누고 학습 효과를 높일 수 있지요.

협력: 친구들과 함께 수학을 공부하고 문제를 해결해요

독일 남부, 숲으로 둘러싸인 한적한 마을에 오버볼파크 수학연구소가 자리하고 있습니다. 1944년 연구소가 설립된 이후, 전 세계의 수학자들은 독일에서도 가장 외진 이곳에 와서 몇 주씩 머문다고 합니다. 오버볼파크의 규칙은 다음과 같습니다. 밤에 잘 때를 제외하고는 방문 잠그지 않기, 무선 인터넷은 제한된 시간만 사용하기, 식사할 때 앉는 자리는 무작위로

· 오버볼파크 연구소 본관 ·

배치하기.

왜 이런 규칙이 있을까요? 전 세계에서 모인 다양한 수학자들이 함께 시간을 보내면서 협력하도록 하기 위해서입니다. 여기에 모인 수학자들은 다른 수학자의 발표를 듣기도 하고, 커피를 마시면서 수학 이야기를 나누기도 하고, 함께 산책하면서 수학 문제를 풀기도 합니다. 식사 자리도 매번 달라지니까 매일 새로운 사람과 수학 이야기를 나눌 수 있습니다. 오버볼파크 수학연구소의 가장 큰 규칙이자, 수학자들이 이곳을 찾는 이유는 바로 '협력'입니다.

수학자들은 다른 사람들 앞에서 자신의 연구를 자유롭게 발표하고, 다른 수학자의 의견을 들으면서 자신의 고민을 해결할 아이디어를 얻기도 합니다. 자신의 연구에서 틀린 부분을 찾아내거나, 새로운 연구 주제를 발견할 수도 있습니다. 이처럼 자유로운 협력이 효과를 발휘하자, 2003년

캐나다에도 밴프 국제 수학연구소가 설립됩니다. 캐나다의 국립공원으로 유명한 밴프에 위치한 이 연구소는 전 세계의 수학자는 물론, 수학과 관련된 과학자들이 협력을 위해 모이고 있습니다.

책이나 영화에 등장하는 수학자들은 골방에 파묻혀 있는 사람으로 묘사되는 경우가 많지만, 사실 수학자들은 자기 생각을 사람들 앞에서 발표하면서 검증받습니다. 연구 내용을 발표하면 다른 수학자들이 많은 질문을 던집니다. 비판에 대응하는 과정에서 아이디어를 다듬을 수 있고, 어려운 문제를 해결할 수도 있습니다. 수학을 효과적으로 연구하는 방법은 다른 수학자들과 만나는 것입니다.

수학이 발전하고 분야가 점점 다양해지면서, 수학자들이 서로 협력하는 공동 연구도 늘고 있습니다. 실제로 1950년대 수학 논문의 90% 정도는 한 명의 저자가 쓴 단독 논문이었지만, 1990년대 수학 학술지의 단독 논문 비율은 50% 이하로 내려갔습니다.

다른 사람과의 협력은 수학자에게만 필요한 것이 아닙니다. 학교에서 수학을 공부할 때도 친구들에게 설명을 해보세요. 친구의 의문에 답할 수 있도록 고민하는 과정에서 수학 실력이 향상되는 것을 느낄 수 있습니다. 여러분이 가진 수학적 아이디어를 친구에게 나누어 준다고 해서 아이디어가 사라지지는 않아요. 친구들과 서로 다른 생각을 나누고 협력하는 과정에서 새롭고 강력한 아이디어가 탄생할 수 있습니다.

영국에서 시작된 단체 수학 경시대회입니다. A와 B, 두 명이 한 팀을 이룹니다. A는 1번과 3번 문제를 받고, B는 2번과 4번 문제를 받습니다. 대회가 시작되면 A는 1번을 풀고 B에게 답을 전달합니다. A가 전달한 답을 알아야 B는 그 답을 이용해 2번 문제를 풀 수 있습니다. 마찬가지로 B는 2번 문제의 답을 A에게 전달합니다. 이런 식으로 4번 문제까지 풀고, 어느 팀이 먼저 해결하는지 겨루어 보세요. 아래의 문제를 친구와 나누어 갖고 해결해 보세요.

A 학생		B 학생
① 9102-2019	➡ ↙	② 전달받은 숫자를 T라 하자. T-3×2019의 각 자리 숫자의 합은?
③ 전달받은 숫자를 T라 하자. T의 모든 약수의 합은?	➡	④ 전달받은 숫자를 T라 하자. $\sqrt{T+3}$은?

정답 풀이: ① 9102-2019=7083 ② 7083-3X2019=1026, 1+0+2+6=9
③ 9의 약수: 1, 3, 9, 1+3+9=13 ④ 13+3=16, $\sqrt{16}$=4

서로를 도운 두 천재 수학자, 라마누잔과 하디

수학은 서로의 생각을 나누고 협력하는 과목이라고 말씀드렸지요. 실제 수학자들도 서로를 도우면서 훌륭한 성과를 낸 경우가 있습니다. 바로 인도의 수학자 스리니바사 라마누잔(Srinivasa Ramanujan)과 그의 동료이자 지도 교수인 고드프리 해럴드 하디(Godfrey Harold Hardy)입니다.

라마누잔은 인도가 낳은 20세기 최고의 천재 수학자라고 불립니다. 그가 뛰어난 수 감각을 지닌 수학자였음을 알려주는 일화가 하나 있습니다. 라마누잔이 영국의 병원에 입원했을 때의 일이었어요. 병문안을 온 하디는 라마누잔에게 이렇게 말했어요.

"여기 올 때 탄 택시의 번호가 1729(=13×133)였는데, 13이 2번이나 포함된 수라서 기분이 별로야."

당시 영국에서는 숫자 13을 불길하다고 여기는 미신이 있었어요. 그러자 라마누잔이 이렇게 답했어요.

"행운의 수인걸요. $1729=12^3+1^3$, 10^3+9^3처럼 두 세제곱수의 합으로 표현할 수 있는 방법이 2가지인 자연수 중 가장 작은 수에 해당해요. 아주 특별한 수죠."

라마누잔은 이런 생각을 해낼 정도로 뛰어난 수학자입니다. 그런데 영국의 수학자 하디가 없었다면, 라마누잔의 업적은 세상의 빛을 보지 못했을 겁니다. 둘 사이에 무슨 일이 있었던 걸까요?

라마누잔은 1887년 인도의 가난한 집안에서 태어났어요. 그는 수학에 천부적인 재능을 보였지만, 집안 생계를 책임지느라 학교에서 수학을 전문적으로 배울 기회를 얻지 못했어요. 그는 회계사로 일하며 혼자서 수학을 연구했고, 영국의 유명한

· 스리니바사 라마누잔 ·

수학자들에게 연구 결과를 보냈습니다. 하지만 정식으로 수학을 공부한 적이 없다는 이유로, 라마누잔의 결과는 무시당하기 일쑤였죠.

라마누잔의 천재성을 알아본 유일한 사람은 영국 최고의 수학자였던 하디였습니다. 하디는 라마누잔을 영국으로 초청해, 그가 케임브리지대학교에서 연구를 할 수 있도록 지원했어요. 당시 인도는 영국의 식민지였고, 영국에서는 인도인에 대한 차별이 매우 심했어요. 하지만 하디는 라마누잔이 연구에 집중할 수 있도록 많은 지원을 아끼지 않았습니다. 실제로 하디는 라마누잔을 영국왕립학회 회원으로 가입시키기 위해 온갖 노력을 기울였고, 덕분에 라마누잔은 인도인 최초로 영국왕립학회 회원이 될 수 있었습니다.

두 사람은 함께 힘을 합쳐 공동 연구를 진행했습니다. 라마누잔은 천재적인 직관으로 세부적인 단계나 증명을 생략한 채, 바로 결과만을 기록하는 방식으로 연구를 했습니다. 하디 역시 정수론 분야의 위대한 수학자였죠. 라마누잔의 참신한 아이디어와 하디의 치밀한 검증이 함께하면서, 두 사람은 뛰어난 업적을 세상에 선보일 수 있었습니다. 두 사람이 함께 만든 '하디-라마누잔 점근 공식'은 물리학 분야에서 널리 사용되고 있습니다.

• 고드프리 해럴드 하디 •

안타깝게도 라마누잔은 영국에 온 지 5년 만에 폐결핵에 걸렸고, 32세의 젊은 나이에 세상을 떠났습니다. 라마누잔이 세상을 떠난 후, 그가 살던 곳에서 수백 개의 수학적 정리가 기록된 노트가 발견되었습니다. 2014년 필즈상을 받은 수학자 만줄 바르가바(Manjul Bhargava)는 이 노트를 보물상자와 같다고 평가했습니다. 실제로 많은 수학자들이 이 노트에 적힌 수학적 정리와 추측을 연구하고 증명하면서 수많은 성과를 남길 수 있었습니다.

하디를 존경하던 후배 수학자가 이런 질문을 한 적이 있습니다. "선생님의 업적 가운데 가장 위대한 성과는 무엇인가요?" 하디는 이렇게 답했습니다. "라마누잔을 발견한 것입니다."

천재 수학자를 알아본 또 다른 천재 수학자의 이야기는 많은 이들에게 영감을 주었고, 영화로 만들어졌습니다. 영화 〈굿 윌 헌팅〉(1997)은 라마누잔과 하디의 이야기에서 영감을 받아 만들어졌고, 〈무한대를 본 남자〉(2015)는 실제 라마누잔과 하디의 실화를 영화로 만든 것입니다. 여러분도 라마누잔과 하디처럼 서로를 알아보고 도와줄 수 있는 소중한 동료이자 스승이 되었으면 좋겠습니다.

3월 14일,
수학문화관에 가볼까요?

　박물관, 미술관, 과학관에 가본 적이 있나요? 그렇다면 수학문화관에 가본 적은 있나요? 혹시 처음 들어보나요? 사실 수학문화관은 생긴 지 얼마 되지 않았습니다. 2018년, 우리나라 최초의 수학문화관인 경남수학문화관이 경상남도 창원에서 개관했습니다. 2019년에는 서울에 노원수학문화관이 개관했고, 2022년에는 부산수학문화관이 문을 엽니다.

　수학문화관에는 수학을 보고, 만지고, 즐길 수 있는 다양한 놀이 기구들이 마련되어 있습니다. 수학문화관에서 바퀴가 원이 아닌 자전거를 타볼 수 있습니다. 포물선으로 이루어진 미로를 통과해 볼 수 있습니다. 수학적 개념과 원리를 담은 각종 게임과 퍼즐도 즐길 수 있습니다. 수학이라는 이름이 없다면 놀이터라는 생각이 들 정도입니다.

　수학 공부라고 하면 문제집 푸는 것만 떠오르나요? 수학문화관에 가보세요. 수학을 놀이처럼 즐기고, 수학의 원리를 몸으로 느끼면서 이해할 수 있습니다. 수학자가 들려주는 수학 교양 강연, 수학을 어려워하는 학생들을 도와주는 수학클리닉과 같은 상담 프로그램도 마련되어 있습니

· 경남수학문화관 ·

다. 수학을 다양하게 경험하고 싶은 학생들을 위한 수학 동아리도 운영하고 있습니다. 방학 동안에는 수학이 사회에서 어떻게 활용되고 있는지 체험할 수 있는 수학 캠프도 열립니다. 이처럼 수학문화관에 가보면 수학의 즐거움을 느낄 수 있습니다.

흥미로운 사실은 수학문화관의 개관일에도 수학 이야기가 얽혀 있다는 것입니다. 경남수학문화관은 3월 14일 개관했는데요, 왜 3월 14일이었을까요? 혹시 화이트데이가 떠오르나요?

수학계에서는 이 날을 '파이데이(π-day)'라고 부르고, 수학과 관련된 다양한 행사를 합니다. 3월 14일은 원주율을 나타내는 π의 값이 3.141592…라는 것에 착안해 파이데이라고 불립니다.

파이데이에는 원 모양
의 애플파이를 만들어
나누어 먹기도 하고, 초
코파이를 먹으면서 초코
파이의 둘레를 재어보기
도 합니다. 이러한 활동
을 통해 수학과 친해지
기를 바라는 것이지요.

• 원주율을 나타내는 π와 파이의 발음이 비슷하여 파이데이에는
애플파이를 먹는 행사도 열립니다. •

　유엔교육과학문화기구(UNESCO)는 2020년부터 3월 14일을 '세계 수학
의 날'로 지정하고, 수학과 관련된 다양한 행사를 세계 각지에서 선보이고
있습니다. 세계 수학의 날 홈페이지(www.idm314.org)를 방문하면, 세계
여러 나라에서 열리는 수학 관련 행사를 확인할 수 있습니다.

　여러분도 이제 3월 14일을 다르게 기억해 보세요. 3월 14일을 기념해
수학문화관을 방문해 본다면 더욱 좋겠지요.

자기주도학습이 중요한 언택트 시대,
공부의 이유를 알아야 공부를 잘한다!

10대에게 권하는 시리즈

★한국출판문화산업진흥원 청소년 권장도서 ★한국출판문화산업진흥원 우수출판콘텐츠 선정도서 ★학교
도서관저널 추천도서 ★세종도서(구 문화체육관광부 우수도서) 선정도서 ★행복한아침독서운동본부 추천
도서 ★서울시 한 도서관 한 책 읽기 선정도서 ★대한출판문화협회 올해의 청소년 권장도서 ★한국연구재
단우수저서지원사업 선정도서 ★한우리독서운동본부 추천도서

온라인 수업과 홈스쿨링이 부쩍 늘어난 언택트 시대, 자기주도학습의 중요성이 커지고 있다. 지켜보
는 선생님도 없고, 친구들과 함께 공부하지 못하는 상황에서는 학습이 제대로 이루어지기 어렵다. 실
질적인 자기주도학습을 위해서는 '왜 공부해야 하는지' 내적 동기를 먼저 심어주어야 한다.
이 시리즈는 각 학문이 무엇인지, 배워야 하는 이유, 현실에서의 쓸모 등을 다루고 있다. 이를 통해
청소년들이 '공부의 이유'를 알게 함으로써 학습의 주체가 되도록 돕는다.

연세대 인문학연구원 5명이 풀어 쓴 최초의 청소년 인문서

**10대에게 권하는
인문학**
연세대학교 인문학연구원 지음
240쪽 | 13,500원

이 책은 청소년 시기에는 자기계발이 아니라 '자기 찾기'가
필요하다는 인문학 정신에서 출발했다. 인문학이 무엇인지,
왜 인문학을 공부해야 하는지 소개했다. 문학, 역사, 철학, 신
화, 언어학 등 인문학의 핵심 분야를 중고등 교과와 연계해 쉽
게 설명했다. 청소년 독자들이 자신을 알아가고 세상을 이해
하도록 돕는다.

문자의 기원과 가치를 집중 조명한 첫 청소년 책

**10대에게 권하는
문자 이야기**
연세대 인문학연구원
HK문자연구사업단 지음
216쪽 | 13,500원

인류 지식 확장의 역사와 함께한 '문자'의 가치를 담은 교양
서다. 문자의 탄생과 발달 과정을 통해 인류의 역사와 사유 방
식을 이해하도록 청소년 눈높이에 맞춰 구성했다. 이를 통해
인류가 어떻게 지식을 확장하고 사유해 왔는지 쉽게 이해하
고, 사고의 지평을 넓힐 수 있다.

청소년에게 역사 공부의 가치를
알려주는 책

10대에게 권하는
역사

김한종 지음 | 288쪽 | 13,800원

이 책은 역사적 사실이 담긴 쉽고 재미있는 이야기를 통해 청소년들이 역사를 왜 배워야 하는지, 어떻게 공부해야 하는지, 역사 공부의 진정한 가치는 무엇인지 담았다. 청소년 독자들이 생각의 폭을 넓히고 사회를 바라보는 안목을 키워, 역사의 주인으로 거듭날 수 있도록 돕는다.

영문학 공부의 이유와
문학의 가치를 알려주는 책

10대에게 권하는
영문학

박현경 지음 | 256쪽 | 13,800원

청소년기에 꼭 알아야 할 영문학 작품을 소개하고, 시대적 맥락과 인문학적 배경 지식을 연계해 친절하게 설명했다. 작품을 통해 10대 청소년들이 사랑, 우정, 자존감, 가치관에 대해 깊이 성찰하도록 돕는다. 영미 교양 지식뿐만 아니라, 대학에서 영문학을 전공하면 무엇을 배우는지 알려준다.

학교에서 가르치지 않는
공학의 쓸모

10대에게 권하는
공학

한화택 지음 | 240쪽 | 13,800원

공학은 인공지능, 사물인터넷, 자율주행 등 새로운 기술의 탄생을 이끌어 온 만큼 청소년들이 꼭 알아야 할 필수 교양이다. 이 책은 미래 사회의 주역인 청소년들에게 공학이란 무엇인지, 공학이 사회에 미치는 영향은 무엇인지 알려준다.

경제학 공부의
이유와 원리를 담은 책

10대에게 권하는
경제학

오형규 지음 | 224쪽 | 13,800원

일상 속에 숨겨진 경제 원리와 개념을 청소년 눈높이에 맞춰 차근차근 소개했다. 7명의 대표 경제학자들의 이야기, 속담과 영화 등 청소년과 친근한 사례를 통해 경제학을 재미있게 공부하도록 했다. 청소년기의 경제학 공부가 유익한 삶에서 유익한 자산이 될 수 있음을 32년차 경제 기자가 알려준다.